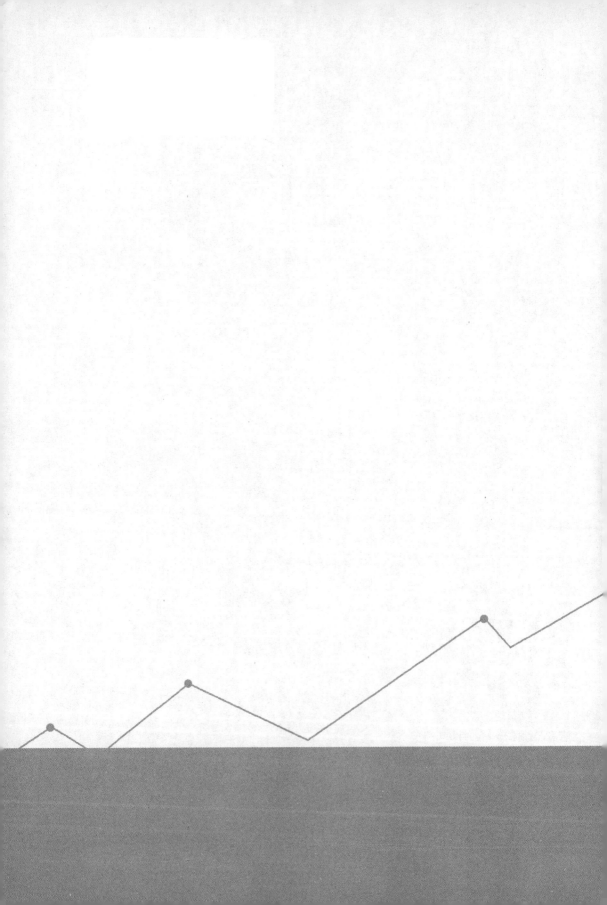

互联网使用、金融资产配置与家庭消费升级

——基于资产流动性视角的分析

王智茂　著

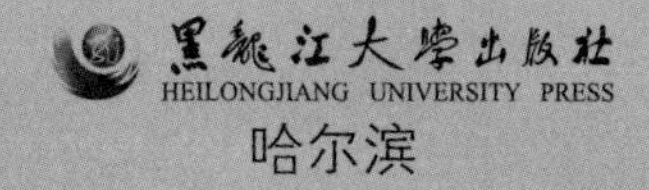

哈尔滨

图书在版编目（CIP）数据

互联网使用、金融资产配置与家庭消费升级 ：基于资产流动性视角的分析 / 王智茂著. -- 哈尔滨 ：黑龙江大学出版社，2022.1
ISBN 978-7-5686-0668-4

Ⅰ. ①互… Ⅱ. ①王… Ⅲ. ①互联网络－应用－家庭－金融资产－配置－研究－中国②互联网络－影响－家庭消费－研究－中国 Ⅳ. ①TS976.15 ②F126.1

中国版本图书馆 CIP 数据核字（2021）第 148931 号

互联网使用、金融资产配置与家庭消费升级——基于资产流动性视角的分析
HULIANWANG SHIYONG、JINRONG ZICHAN PEIZHI YU JIATING XIAOFEI SHENGJI——JIYU ZICHAN LIUDONGXING SHIJIAO DE FENXI
王智茂 著

策划编辑 张微微
责任编辑 魏 玲 尉一平
出版发行 黑龙江大学出版社
地 址 哈尔滨市南岗区学府三道街 36 号
印 刷 哈尔滨市石桥印务有限公司
开 本 720 毫米 ×1000 毫米 1/16
印 张 11.75
字 数 192 千
版 次 2022 年 1 月第 1 版
印 次 2022 年 1 月第 1 次印刷
书 号 ISBN 978-7-5686-0668-4
定 价 42.00 元

前　言

近年来，信息技术的发展和互联网使用的普及在微观领域极大地拓展了家庭的消费渠道，改善了家庭的整体消费水平。但是，当前我国家庭消费率水平仍有较大上升空间，并且人均消费支出额同比增速也存在下降的趋势[①]。这一现象与我国家庭持续提升的收入水平和资产规模并不匹配，与传统的生命周期假说和持久收入假说的理论解释也不一致。由此可见，在互联网使用对家庭消费的影响路径中，可能还存在其他因素的制约，其中家庭资产流动性和配置结构的差异可能是原因之一。由于中国家庭普遍存在较高的储蓄偏好和住房资产占比，家庭整体资产结构的流动性偏低，对家庭即期消费的支付能力产生了明显抑制。因此，要使互联网使用引致的家庭消费需求转化为实际消费支出，不可避免需要探讨家庭高流动性资产配置，尤其是金融资产配置的潜在影响。

本书基于国内外互联网经济快速发展和国内家庭互联网使用普及率不断提升的现实背景，以新兴互联网经济理论、资产组合理论与消费理论作为理论基础，将“互联网使用→金融资产配置→家庭消费升级”作为基本的逻辑出发点，对家庭的金融资产配置与消费行为进行分析，旨在探索金融资产配置在互联网使用影响家庭消费升级过程中的传导路径和影响机制。本书具体回答四个方面的问题：1．金融资产配置对家庭消费结构存在怎样的影响？不同流动性的资产结构变动能否促进家庭消费升级？2．金融资产配置在互联网使用对家庭消费升级产生影响的过程中是否存在中介效应？如果有中介效应，

① 根据国家统计局的数据，我国居民人均消费支出额增速从 2013 年的 7.4% 下降到 2018 年的 6.2%。

其具体的影响效应、传导路径以及家庭个体差异是什么？3. 基于问题2存在的传导路径，互联网使用对金融资产配置的具体影响机制是什么？4. 在现实生活中，需要采取哪些措施支持互联网使用通过影响金融资产配置促进家庭消费升级，提升家庭消费质量？

首先，笔者根据不确定条件下的预防储蓄理论、流动性约束理论和缓冲存货理论，发现除了家庭收入的流量因素和资产规模的存量因素以外，家庭消费还会受到资产流动性和配置的结构因素的影响。据此，本书利用家庭持有金融资产的流动性差异构建了金融资产配置与家庭消费的理论模型，比较了高流动性金融资产与低流动性金融资产对家庭消费的影响，结果表明金融资产配置的流动效应是其财富效应发挥的重要前提。为了进一步探讨互联网使用通过金融资产配置影响家庭消费升级的传导路径，本书用数理模型推导验证了金融资产配置的中介影响作用，并且从信息搜寻、社会互动和金融可及性三个渠道分析了互联网使用对高流动性金融资产配置的影响机制。

其次，本书采用聚类统计、面板模型、中介效应模型以及有调节的多重中介效应模型，进一步检验理论模型的分析结果，实证检验具体包括以下三个部分：

第一部分，按照资产流动性的不同，本书从高到低将家庭资产划分为高流动性金融资产、低流动性金融资产和住房资产三类，并通过聚类分析的方法将家庭消费分为生存型消费、享受型消费和发展型消费，以此确定家庭资产结构与消费结构的具体层次和分类内容，也为进一步讨论家庭消费升级的内容提供分类依据。总体样本的实证结果表明，不同流动性资产配置对家庭消费的影响只作用于非生存型消费（享受型消费和发展型消费），在具体资产类别的影响效应方面，高流动性金融资产与非生存型消费存在显著的正相关关系；低流动性金融资产与非生存型消费存在显著的负相关关系；家庭住房资产对非生存型消费的影响则不显著。

第二部分，借鉴心理学研究中的中介效应分析方法，本书将前一部分与家庭消费升级（非生存型消费）关系显著的金融资产（高流动性金融资产和低流动性金融资产）作为中介变量，家庭住房资产作为调节变量，构建有调节的多重中介模型，计算并对比了互联网使用通过金融资产配置影响家庭消费升级的传导路径和影响效应。实证结果表明，在金融资产配置的总体中介效应中，高流动性金融资产的中介效应占主导地位，互联网使用通过金融资产配置对家庭消费升级的间接影响主要是通过提升高流动性金融资产配置来实现的。城乡异质性结果表明，城镇家庭住房资产对高流动性金融资产存在明显的挤出效应；农村家庭有较强的储蓄偏好，对低流动性金融资产的配置倾向更高。

第三部分，本书从信息搜寻效应、社会互动效应和金融可及效应三种渠道对互联网使用影响家庭高流动性金融资产配置的机制进行了验证。实证结果表明，这三种渠道均显著存在影响。城镇家庭各路径的影响效应虽然存在差异，但差距较小，整体表现相对平均；而农村家庭的金融可及效应则要明显低于其他两个渠道的影响效应，这说明农村家庭在通过互联网使用获取金融服务方面仍有较大的提升空间。

最后，基于上述理论分析与实证分析的结果，本书结合实际发展问题，提出有利于我国城乡家庭互联网使用、金融资产配置和消费升级传导作用发挥的对策建议。根据城乡家庭互联网使用对金融市场参与影响机制的差异，提出提升互联网使用与市场参与的结合度的建议；根据城镇家庭住房资产对高流动性金融资产的挤出影响，提出降低城镇家庭住房资产流动性约束的建议；根据农村家庭对低流动性金融资产的储蓄偏好，提出完善农村家庭社会保障机制的建议。

目　录

第一章 绪论

家庭消费水平的提升一直是我国经济持续稳定发展的重要推动力,关乎微观家庭的生活福祉和宏观经济的平稳运行。近年来,随着房地产市场的快速发展,家庭资产配置缺乏流动性被学界认为是抑制家庭消费的一大重要因素。互联网使用的普及不仅直接扩展了消费渠道,增加了家庭消费需求,同时也为家庭获得了更多参与金融市场投资、改善金融资产配置的机会,这对于减轻家庭资产配置的流动性约束具有重要的现实作用。本书正是基于提高家庭消费水平,促进家庭消费升级的现实问题,试图从家庭资产流动性的角度,论证金融资产配置在互联网使用影响家庭消费升级过程中的传导路径和影响机制。

第一节 研究的背景与意义

一、研究背景

二十世纪末至今,互联网技术的发展和普及是整个经济、社会领域的重大突破,被认为是世界经济第五个康德拉季耶夫周期的标志。[①] 互联网信息技术对经济生活的高度嵌入,不仅改变了宏观经济的增长方式,同时也影响了微观家庭的生活方式。对于微观家庭而言,互联网信息技术的发展不只是一次重要的技术革命,还是一次消费和生活方式的革命,对家庭的经济行为已经并会继

---

① Yushkova E. "Impact of ICT on Trade in Different Technology Groups: Analysis and Implications", *International Economics and Economic Policy*, vol. 11(01), 2014, pp. 165 – 177.

续产生重要影响。①

党的十八大以来,习近平总书记就网信事业发展发表了一系列重要讲话,鲜明提出网络强国思想,指出“网信事业发展必须贯彻以人民为中心的发展思想,把增进人民福祉作为信息化发展的出发点和落脚点,让人民群众在信息化发展中有更多获得感、幸福感、安全感”②。近年来,在国家大力推进互联网基础设施建设的背景下,中国家庭的互联网普及率快速增长,互联网使用已经深入到每一个家庭的生产与生活,产生了明显的信息福利效应。③ 截至2020年末,我国网民规模达9.89亿,较2019年底增长8598万,互联网普及率达70.4%,较2019年底提升5.9个百分点。农村互联网普及率上升至55.9%,农村地区实现网络零售额1.79万亿,同比增长8.9%。④

消费是经济活动和社会再生产循环的基础和目标,与家庭微观个体的联系更为密切,消费行为决策更是家庭经济决策的基本内容,互联网使用的普及也为微观家庭的消费行为带来了质的改变,新兴的消费业态和消费模式不断涌现。互联网与生产和生活领域的高度融合,在需求和供给两方面对微观家庭的消费升级产生了重要影响。一方面,互联网在需求端通过信息传播和大数据推送等方式改变家庭的行为决策,快速且精准的信息引导模式对传统家庭的消费行为产生了革命性影响。⑤ 另一方面,互联网在供给侧的人工智能、云计算等信息技术领域的应用帮助企业实现行业预测和前瞻性研发,推动了工业生产与市场的零时滞对接,有助于企业开拓新的消费领域,促进整体消费优化升级。⑥ 由此可见,互联网技术的应用可以在家庭需求侧培育和引导新的消费热点,在供

---

① Harris R. *The Internet as a GPT: Factor Market Implications*, Cambridge: MIT Press, 1998, pp. 17 – 20.

② 习近平出席全国网络安全和信息化工作会议并发表重要讲话(http://www.gov.cn/xinwen/2018 – 04/21/content_5284783.htm)

③ 鲁元平、王军鹏:《数字鸿沟还是信息福利——互联网使用对居民主观福利的影响》,载《经济学动态》,2020年第2期。

④ CNNIC发布第47次《中国互联网络发展状况统计报告》(http://www.gov.cn/xinwen/2021 – 02103/content_5504518.htm)

⑤ Koufaris M. “Applying the Technology Acceptance Model and Flow Theory to Online Consumer Behavior”, *Information Systems Research*, vol. 13, 2002, pp. 205 – 223.

⑥ Mcguire T, Manyika J, Chui M. “Why Big Data is the New Competitive Advantage”, *Ivey Business Journal*, vol. 07, 2012, pp. 79 – 99.

给侧影响企业生产的规模与层次，通过供给与需求的动态匹配，促进消费升级。这种影响已经成为现阶段家庭消费与企业生产的常态表现，这是互联网技术融入社会再生产的基本特征。

虽然互联网技术的应用极大地改变了家庭的生活方式和消费习惯，创造了更多的消费需求，推动了整体消费规模的提升，但从相对数来看，我国家庭消费率水平仍低于世界平均水平，并且人均消费支出额同比增速也存在下降的趋势，由 2013 年的 7.4% 下降到 2019 年的 5.5%。[①] 2018 年，中央工作会议多次提出实现消费升级的重要举措，同时国务院下发《关于完善促进消费体制机制进一步激发居民消费潜力的若干意见》，进一步强调激发消费潜力释放的多条举措。2020 年 3 月，国家发展改革委、中央宣传部、文化和旅游部等 23 个部门联合印发《关于促进消费扩容提质加快形成强大国内市场的实施意见》，明确提出促进消费提质升级，完善消费机制和消费渠道，建立健全消费升级的配套保障和信息引导等多条具体意见。显然，除了互联网使用对家庭消费升级的影响外，其他相关渠道的完善与发展也是家庭消费升级的重要影响因素。

根据以上所述，大部分对互联网使用与家庭消费关系的研究多集中于对互联网技术或者消费者行为的分析上。但现实情况是，在互联网经济的驱动下，家庭资产的流动性和配置结构也发生了重大变化，并由此影响到家庭消费升级情况。然而现有研究并未对互联网使用影响家庭消费的资产配置路径展开充分的讨论。传统消费理论告诉我们，消费是家庭持久收入的函数，互联网的技术突破更大程度上是对家庭消费需求的释放，而要让微观家庭真正实现消费升级，除了需要具备消费需求外，还需要具有足够的消费能力，这和家庭所持有的可用于消费的流量收入和高流动性资产密切相关。然而，2013 年以来，伴随着房地产市场的快速崛起和金融市场的日益完善，我国家庭资产规模无论从增量还是存量上都呈现明显的增长态势，家庭消费水平却依然没有得到显著提升，出现了“资产规模增速快”与“消费升级提振慢”共存的现象，这与传统的生命周期假说和持久收入假说的解释并不一致。这说明除了收入和资产总规模以外，家庭资产配置的结构差异可能也是影响家庭消费升级的重要因素。过高的住房资产占比和不确定性预期使微观家庭存在较强的流动性约束和预防储蓄

---

① 数据来源：国家统计局官网（http://www.stats.gov.cn/）。

偏好,家庭高流动性的金融资产占比偏低显著抑制了家庭潜在的消费能力。同时,总体消费规模也已无法满足经济高质量发展的需求,消费升级的核心问题开始转向微观家庭的消费路径和消费结构。

因此,本书将从资产流动性的角度,通过区分家庭消费结构来确定消费升级的内容,重新探索在互联网使用影响家庭消费升级的过程中金融资产配置所发挥的中介影响作用,并在此基础上进一步分析互联网使用对金融资产配置的影响机制和城乡家庭的异质性特征。

二、研究意义

1. 理论意义

第一,本书构建了基于金融资产配置路径的互联网使用影响家庭消费升级的理论模型,给出了互联网使用通过改变金融资产配置影响家庭消费升级的科学理论解释。首先,依据消费理论、流动性约束理论和资产组合理论,从资产流动性的角度对金融资产配置和家庭消费结构的关系进行了分析,给出了金融资产配置影响家庭消费的理论依据;其次,基于互联网使用和信息搜寻理论,引入互联网的理论分析框架,分析了"互联网使用→金融资产配置→消费升级"的传导路径和影响逻辑;最后,依据社会网络理论和金融中介理论,分析互联网使用对家庭金融市场参与的影响机制,从三个作用渠道探究家庭互联网使用如何促进高流动性金融资产配置,为互联网使用通过金融资产配置促进家庭消费升级的传导路径提供了完整的理论解释和理论依据。

第二,本书分析了家庭持有金融资产的流动性特征并进行了家庭消费结构的分类。一是从家庭金融资产的流动效应、财富效应的角度探讨了资产流动性对资产财富效应发挥的影响,为探讨金融资产对家庭消费升级的差异化影响提供了理论解释;二是用聚类统计的分析方法,对家庭消费结构进行了系统的区分和归纳,对现有文献关于消费结构的理论分类提供了具有统计意义的解释依据。

第三,本书对互联网使用影响家庭消费升级的金融资产配置路径进行了中介检验,补充了现有实证研究。首先,运用"双固定"效应面板模型,检验了金融资产配置影响家庭消费结构的总体效应和家庭住房资产多重属性下的分样本效应；其次，构建了有调节的多重中介效应模型，基于微观家庭跟踪调查数据，验证互联网使用影响家庭消费升级过程中是否存在金融资产配置的传导路径，以及其中的影响效应和城乡异质性特征；最后，利用包含互联网信息搜寻、社会互动和金融可及三个影响渠道的中介模型，验证了互联网使用影响家庭高流动性金融资产配置的具体机制和城乡异质性表现，细化与丰富了相关实证研究。

2. 实践意义

本书的研究对相关部门决策，以及金融机构和家庭的市场参与行为均具有一定的实践参考价值。

首先，本书对互联网使用影响家庭消费升级的金融资产配置传导机理进行了深入分析，有助于相关部门从宏观层面制定总体政策和协调框架，帮助并引导家庭科学有效地通过互联网使用改善家庭金融资产配置结构，进而促进消费升级。

其次，本书通过对三者关系的实证研究，不仅探索出互联网使用影响消费升级的金融资产配置路径，还发现了路径中家庭资产结构间的影响效应，从而为相关部门和微观家庭主体提供了信息参考与决策依据。

最后，基于对城乡家庭异质性的实证分析，城镇家庭和农村家庭通过互联网使用参与家庭投资与消费决策的特征存在显著差异，这为相关政策的制定提供了有针对性的实证依据，并为金融机构开展城乡业务提供了新的思考角度。

第二节　研究的目的与思路

一、研究目的

本书的主要研究目的是分析互联网使用如何通过金融资产配置促进家庭消费升级，要达到这一研究目的，必须首先研究清楚家庭资产的流动性和配置结构特征，以及金融资产配置与消费结构之间的影响关系；其次需要探究金融资产配置在互联网使用影响家庭消费升级的过程中是否存在中介效应，如果存在,便研究其具体的传导路径和影响效果;最后还要分析清楚在已被验证的传导路径中,互联网使用是如何影响金融资产配置,促进家庭消费升级的。对于这些问题的深入分析,是实现本书研究目的的重要前提。

本书试图达到的研究目的包括以下三点:

第一,运用相关经典理论,深入剖析金融资产配置在互联网使用影响家庭消费过程中的传导路径。学界对互联网使用与家庭消费的研究主要集中于对互联网技术特征以及家庭消费行为的研究,针对资产流动性和配置结构展开的研究还缺乏充分的理论探讨。本书运用理论归纳、模型推导和实践总结等方法,从理论层面分析互联网使用、金融资产配置和家庭消费升级三者之间的关系,并通过构建相关理论模型阐述金融资产配置在互联网使用影响家庭消费升级过程中的传导路径,对其内在影响机制和特征等进行详细的论述,为后文的分析做好准备工作。

第二,通过实证分析,检验金融资产配置在互联网使用影响家庭消费升级过程中的中介效应和影响机制。基于已有的机理分析和理论模型,本书首先通过聚类分析的方法对微观家庭的消费类数据进行统计分析,以此确定家庭消费的具体结构层次和分类内容;其次,利用微观数据构建短面板模型,实证分析不同流动性的资产配置对家庭消费结构的总体影响效应;再次,构建有调节的多重中介模型,计算并对比互联网使用通过金融资产配置影响家庭消费升级的传导路径和影响效应;最后,构建中介模型,从信息搜寻效应、社会互动效应和金融可及效应三种渠道对互联网使用影响高流动性金融资产配置的机制进行验证,并结合城乡家庭的异质性分析结果,对比城乡家庭互联网使用的各个渠道对家庭金融市场参与的不同影响效果。

第三,依据理论分析与实证分析的结果,提出有利于我国城乡家庭“互联网使用→金融资产配置→家庭消费升级”传导作用发挥的对策建议。根据互联网使用对城乡家庭金融市场参与影响机制的差异,提出提升互联网使用与市场参与的结合度的建议;根据城镇家庭住房资产对高流动性金融资产的挤出影响,提出降低城镇家庭住房资产流动性约束的建议;根据农村家庭对低流动性金融资产的储蓄偏好,提出完善农村家庭社会保障机制的建议。

二、研究思路

本书的研究将遵循文献和理论梳理、理论分析、实证检验、提出建议的逻辑顺序展开,具体步骤如下:

首先,引出互联网使用、金融资产配置和家庭消费升级的概念,并初步探讨三者之间的影响关系。本书从已有文献对于三者关系的研究着手,以资产流动性和配置结构为切入点,引出金融资产配置在互联网使用影响家庭消费升级过程中的传导路径,探讨其可能存在的影响机制。

其次,构建相关理论模型,剖析金融资产配置的中介影响机理。本书以互联网搜寻理论、资产组合理论、消费理论等为基础,从互联网使用影响家庭消费的直接效应和间接效应出发,构建互联网使用影响家庭消费升级的理论模型,数理推导金融资产配置的传导路径和影响效应。

再次,实证检验理论分析和数理模型分析的结果。具体实证检验过程分为下面三个部分:第一部分,利用"双固定"面板模型检验不同流动性资产配置对家庭消费结构的影响特征;第二部分,构建有调节的多重中介模型,实证检验互联网使用通过金融资产配置影响家庭消费升级的中介效应,并分析城乡家庭的异质性表现;第三部分,利用中介模型实证分析互联网使用对高流动性金融资产配置的影响机制,探讨城乡家庭对三种渠道的依赖程度的异质性表现。

最后,根据实证检验结果,基于促进家庭消费升级的最终目标,有针对性地提出有利于城乡家庭提升互联网使用效率,改善高流动性金融资产配置,进而促进家庭消费升级的对策建议。

本书的研究思路框架图如图 1.1 所示。

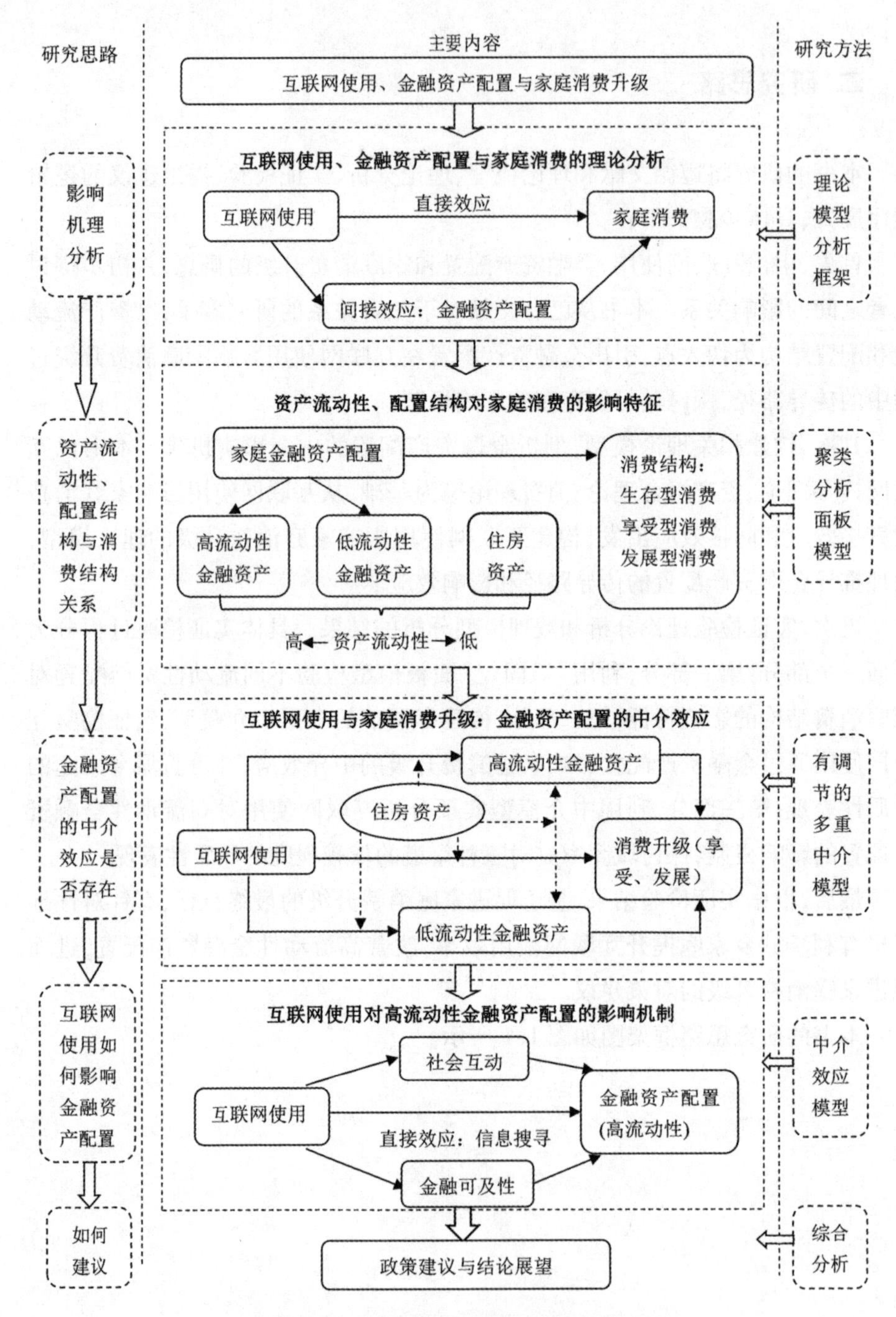

图 1.1　研究思路、主要内容和研究方法

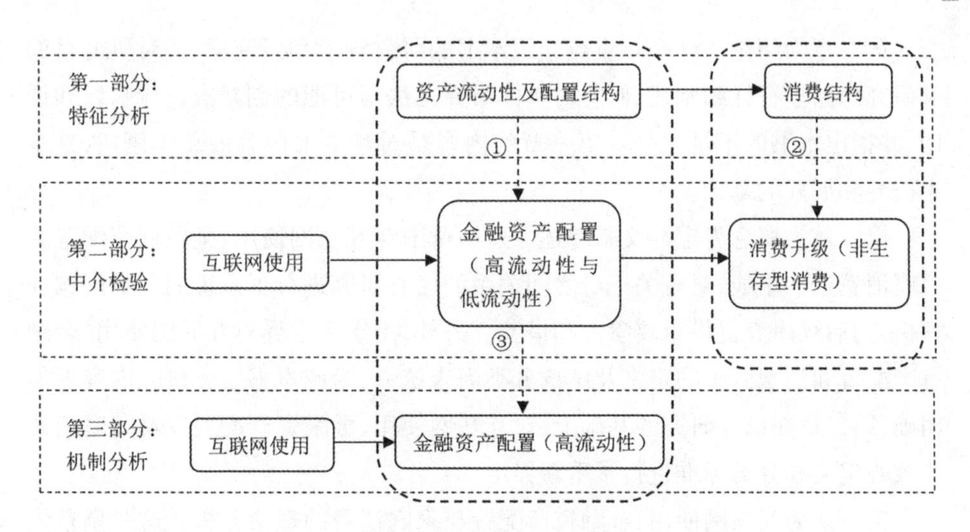

图 1.2 实证结论导向图

本书的研究思路除了图 1.1 所示的各章节横向演绎分析过程外，实证部分还存在从一般分析到具体分析的纵向演绎过程，即根据前一部分的结果推论，为后一部分的研究缩小样本范围，使研究对象更为精准明确。如图 1.2 的实证结论导向图所示，第一部分的特征分析得出两条重要结论：①金融资产与家庭消费结构之间存在显著的影响关系，而住房资产的影响关系则不显著；②家庭不同流动性下的资产配置只对家庭非生存型消费影响显著，对家庭生存型消费的影响则不显著。据此，剔除不显著的影响关系，第二部分中介检验的样本过渡到以金融资产配置和家庭非生存型消费为研究主变量。第二部分的中介检验结果也有一条重要结论：③高流动性金融资产在互联网使用对家庭消费升级的正向中介效应中占据主导地位。这一结论使第三部分机制分析的样本范围进一步缩小，即探讨互联网使用对高流动性金融资产配置的影响机制。

第三节 研究的内容与方法

一、研究内容

遵循上述研究目标和研究思路，本书共包含以下七章：

第一章为绪论。这一章重点介绍本书的研究背景和研究意义,对研究目的和研究思路进行详细阐述,同时对具体研究方法与可能的创新点进行解释和说明,并指出本书的不足之处。第一章的内容是对整本书内容的总体概述,是全书研究和展开的基础。

第二章为概念界定与文献综述。这一章围绕互联网使用、金融资产配置和家庭消费这一主线,对有关三者之间关系的已有研究进行了系统的文献回顾和评析,为后续研究提供重要参考和借鉴。另外,由于学术界对互联网使用、金融资产配置和消费升级的定义及结构分类尚未统一,为使本书后续研究内容更加明确,第二章在已有研究的基础上,对互联网使用、金融资产配置以及家庭消费的核心定义和分类标准进行了重新界定。

第三章为互联网使用、金融资产配置与家庭消费的理论分析。这一章首先阐述消费理论的发展演进,以及资产组合理论、互联网经济理论等基本理论;其次,在这些理论基础上,从资产流动性的角度分析金融资产配置对家庭消费的影响机理,并结合互联网相关理论分析互联网使用通过金融资产配置影响家庭消费升级的机理;最后,利用数学方法推导三者的内在关系,以及三者之间如何产生影响的理论模型,从理论层面回答了本书关注的两个问题:1. 资产流动性视角下,金融资产配置对家庭消费的影响机理是什么? 2. 互联网使用能否通过金融资产配置影响家庭消费升级?

第四章为资产流动性、配置结构对家庭消费的影响特征。这一章基于第三章资产性质、配置结构与家庭消费升级的关系,按照资产流动性的不同,从高到低划分家庭资产为高流动性金融资产、低流动性金融资产和住房资产三类,并通过聚类分析的方法对微观家庭的消费类数据进行统计分析,以此确定家庭消费的具体结构层次和分类内容,之后利用北京大学中国家庭跟踪调查(CFPS)样本数据构建短面板模型,实证分析不同流动性的资产配置对家庭消费结构的总体影响效果。鉴于家庭住房资产具有消费与投资的双重属性,本章最后通过家庭持有住房资产数量的差别来区分住房资产的不同属性,并在此基础上进一步分析持有不同属性住房资产的家庭在金融资产配置上的特征,并比较其对家庭消费结构影响的差异。

第五章为互联网使用与家庭消费升级:金融资产配置的中介效应。这一章在第四章家庭金融资产配置与消费结构研究的基础上,引入家庭互联网使用产生变量的指标。首先,通过中介效应分析方法,对互联网使用影响家庭消费升级的直接效应,以及通过金融资产配置影响家庭消费升级的间接效应进行检验;其次,将家庭住房资产作为低频交易的外生静态变量,利用调节效应分析方法,进一步考察在互联网使用的影响过程中,家庭住房资产变动对高流动性金融资产和低流动性金融资产的调节效应;最后,根据样本家庭城乡结构的差异,探讨前述实证结果的家庭异质性特征。

第六章为互联网使用对高流动性金融资产配置的影响机制。在第五章金融资产配置中介效应分析中,回归估计和检验结果都显示,高流动性金融资产配置在互联网使用影响家庭消费升级的路径中存在显著的影响效应。第六章在此基础上,进一步分析互联网使用对家庭高流动性金融资产配置的影响机制,将互联网使用引致的市场参与渠道细分为信息搜寻、社会互动和金融可及三个方面,探讨互联网使用对家庭金融市场参与的内在影响路径和影响程度,并重点考察城乡家庭在不同路径上的影响差异。

第七章为结论与对策建议。这一章结合前几章的研究结果,对前文的研究结论进行总结性阐述,并在此基础上,从提升互联网使用与市场参与结合度、降低城镇家庭住房资产流动性约束、完善农村家庭社会保障机制三个方面提出了相应对策建议以及进一步研究的展望。

二、研究方法

本书在研究中主要采用数理模型、演绎推理、聚类统计和实证检验等多种分析方法,具体方法的解释和运用如下:

一是数理模型分析法。本书在进行互联网使用、金融资产配置和家庭消费升级之间的影响机理分析时,采用了数学推导与理论分析相结合的数理模型分析方法。本书在回顾流动性约束理论、缓冲存货理论和资产组合理论的基础上,通过数理推导构建了金融资产配置与家庭消费关系的理论模型;在借鉴互联网信息搜寻理论的基础上,结合资产流动性与家庭消费的关系,采用数理推导的方法构建了互联网使用通过金融资产配置影响家庭消费升级的理论模型。

二是演绎推理分析法。除了应用基本的从具体到具体的横向演绎方法外,本书各章节之间的研究还遵循了从一般到具体、研究范围逐步缩小、研究层次逐步深化的纵向演绎过程。如图1.2的实证结论导向图所示,第四章从资产流动性的角度讨论整体资产结构与家庭消费结构的关系,根据其检验结果的显著性过渡到对金融资产配置与家庭消费升级(非生存型消费)两个关键变量的研究,这成为第五章进一步研究的基础;第五章引入互联网使用的解释变量,分析金融资产配置的中介影响效应,在具有显著影响的各条间接传导路径中,起主导作用的为高流动性金融资产,这一结果为第六章进一步探讨家庭金融市场参与的影响机制提供了基础变量;第六章承接上一章的研究结论,将高流动性金融资产作为被解释变量,分析互联网使用对其影响的作用渠道和影响机制,进一步细化了研究范围和研究结论,为对策建议的提出提供了依据。

三是聚类统计分析法。本书为区分家庭消费结构,明确生存型消费、发展型消费和享受型消费的确定特征,采用了聚类统计的分析方法。聚类分析是多元统计分析中利用数据信息对数据进行分类以降低分析工作量级或信息维度的一种经典方法。具体操作方法是:按照"距离"标准将数据分类,力求同一类别内部的数据间的"距离"最小的同时,不同类别数据间的"距离"最大。本书采用了层次聚类法对家庭消费数据进行聚类分析。

四是实证检验分析法。本书在检验金融资产配置及资产属性对消费结构的影响效应时,主要利用Stata计量分析软件,运用"双固定"效应面板模型进行实证分析;在检验互联网使用通过金融资产配置影响家庭消费升级的效应时,主要利用Stata计量分析软件,运用有调节的多重中介效应模型进行实证分析;在检验互联网使用对家庭参与金融市场、促进高流动性金融资产配置的影响机制时,采用中介效应模型进行分析。此外,在对上述相关中介模型的中介效应和调节效应进行检验时,本书采用了GMM和Sobel检验法;在进行面板模型内生性和稳健性检验时,本书采用Hausman检验和C-D F检验方法。

第四节 研究的创新与不足

一、研究的创新之处

本书在总结、借鉴国内外已有研究成果的基础上,从理论机理探讨、统计指标论证、实证方法检验等方面对研究目标进行了较细致的思考和分析。相对于以往的研究,本书具体的创新之处主要体现在以下几个方面:

第一,将资产流动性和资产配置结构引入互联网使用影响家庭消费升级的传导路径中。已有文献关于互联网使用影响家庭消费的研究多集中于对两者关系的研究,或者是对互联网使用直接效应的研究。而实际上,在互联网使用的影响下,家庭资产的流动性和配置结构也发生了重大变化,并由此影响到家庭的消费升级水平,然而现有研究中对互联网使用影响家庭消费的资产配置路径的研究尚不充分。本书以资产流动性差异为切入点,区分出在互联网使用过程中金融资产配置的不同传导路径和影响效应,并验证了高流动性金融资产配置具有更显著的中介影响。

第二,采用聚类分析的方法对消费结构进行区分。已有大量文献将家庭消费分为"生存型消费"、"享受型消费"以及"发展型消费",但普遍停留于理论阐述和定性划分,不同消费类型具体内容的归类存在较大的争议。本书在已有分类的基础上,按照具体消费内容的聚类特征对 CFPS 样本数据中的消费内容重新分类,为本书的后续研究提供数据选取的量化统计支撑。

第三,运用有调节的多重中介模型检验金融资产配置的多重影响效应。家庭住房资产的低频交易和互联网使用的高频特征导致统计数据难以进行计量匹配,因此,现有文献考虑更多的是互联网与市场化程度更高的金融资产之间的影响关系,较少讨论互联网使用对多种类型资产的动态影响关系。本书采用有调节的多重中介模型,将住房资产存量作为调节变量参与到金融资产配置的多重中介效应分析中,并将低流动性金融资产和高流动性金融资产的相互作用引入模型,从而将金融资产配置内在相互影响因素引入传导路径中,弥补了单一资产分析消费升级的局限性。

二、研究的不足之处

首先,本书构建理论模型的部分假设较为严格。本书对互联网使用的微观特征和影响范围进行了严格限定,假定了家庭的主观偏好没有时间可分性,并且家庭个体的劳动工资收入不受互联网使用的影响;同时为了简化模型研究,假定了家庭不能进行借贷,且家庭的效用函数相对稳定,不存在主观贴现率,尽管这种假设是资产配置研究中的常用假设，但是，这与家庭的实际微观经济行为存在着一定的差距。

其次，本书选取的样本数据缺乏足够的时序性。本书实证分析的样本数据来自 CFPS 样本数据，该项调查在 2010 年至 2018 年对受访家庭一共进行了五期的跟踪调查。但早期的调查问卷缺乏足够的互联网模块数据，且部分跟踪家庭的样本缺失，本书实证面板模型只构建了 2014 年到 2018 年三期的短面板数据，实证检验的结果更加偏重于对短期影响效应的解释，对于更长时序的研究结论还有待于数据丰富后的进一步验证。

最后，本书并未区分影响资产流动性的其他因素。为了简化分析，本书按照资产变现成本的高低区分了资产流动性的差异，而家庭微观个体的资产流动性约束可能不只会受到客观变现成本的影响，其主观的风险偏好、行为习惯、心理预期等也会成为影响家庭资产流动性的重要因素。

第二章　相关概念界定与文献综述

本章将首先对本书主要依据的相关概念进行阐述与界定，并在此基础上对互联网使用、金融资产配置以及家庭消费升级三者关系的研究文献进行系统述评，为后续章节的进一步研究提供基础性准备。

第一节　相关概念界定

目前有关互联网使用、金融资产配置和家庭消费升级的相关定义还未完全统一。为使本书的研究内容更加明确，本节将在以往研究的基础上进一步明确核心概念的定义及其包含的具体内容。

一、互联网使用

"互联网使用"作为学术名词最早出现在信息传播学和心理学的研究文献中，主要考察微观主体通过互联网进行信息获取、接受与传播的个体差异。近年来，随着互联网经济的发展，很多学者开始将互联网使用与微观家庭的经济行为相结合，探讨互联网使用对家庭投资和消费决策的影响。通过梳理互联网使用的相关文献发现，虽然"互联网使用"的概念尚未统一，但仍旧形成了一些共识。总体来看，已有研究文献中"互联网使用"的衡量标准主要包含互联网"是否使用"和"使用程度"两个方面。

第一，当互联网使用作为一个选择性变量时，即讨论是否使用互联网，以调查数据"0"和"1"表示，这类研究通常考察互联网使用和不使用两种情况下的家庭经济行为差异,李雅楠、谢倩芸[①],张永丽、徐腊梅[②],张景娜、朱俊丰[③]等人的研究即采用了这类互联网使用的指标。

第二,当互联网使用作为连续变量衡量使用程度时,主要强调两个方面,即互联网使用广度和互联网使用深度。一方面,互联网使用广度指互联网使用时长,代表家庭成员在互联网使用上花费的总的时间,是客观衡量家庭互联网使用的指标。通常情况下,家庭互联网使用的时间越长,可获得的信息就会越多,它在一定程度上反映了家庭从互联网渠道可获得的信息和服务总量,可以较好地反映家庭对于互联网信息的可得性状况,周广肃、梁琪[④]的研究即在是否使用互联网的基础上增加了互联网使用时长的指标。另一方面,互联网使用深度是指互联网信息渠道对于家庭活动的重要程度,这是一个家庭主观衡量指标,反映的是互联网信息对微观家庭个体生产生活的影响程度,体现了互联网使用对家庭活动的渗透程度,可以更好地反映互联网信息对于家庭经济决策的有效性,邱新国、冉光和[⑤],湛泳、徐乐[⑥]等人的研究均采用了这一指标来衡量互联网使用程度。

基于此,本书对互联网使用进行了如下定义:家庭互联网使用是在网络时代的大背景下,家庭微观主体通过使用互联网获取符合自身需求的信息与服务,并应用于生产生活的各个方面,实现家庭使用主体效用最大化的行为。由于本书的研究目的是探讨互联网使用与金融资产配置以及家庭消费升级之间的影响关系和传导路径,强调互联网使用程度的影响,因此重点关注家庭对互联网的具体使用量和互联网信息的有效性。同时,为了剔除家庭成员工作中的

---

① 李雅楠、谢倩芸:《互联网使用与工资收入差距——基于 CHNS 数据的经验分析》,载《经济理论与经济管理》2017 年第 7 期。

② 张永丽、徐腊梅:《互联网使用对西部贫困地区农户家庭生活消费的影响——基于甘肃省 1735 个农户的调查》,载《中国农村经济》2019 年第 2 期。

③ 张景娜、朱俊丰:《互联网使用与农村劳动力转移程度——兼论对家庭分工模式的影响》,载《财经科学》2020 年第 1 期。

④ 周广肃、梁琪:《互联网使用、市场摩擦与家庭金融资产投资》,载《金融研究》2018 年第 1 期。

⑤ 邱新国、冉光和:《互联网使用与家庭融资行为研究——基于中国家庭动态跟踪调查数据的实证分析》,载《当代财经》2018 年第 11 期。

⑥ 湛泳、徐乐:《“互联网 +”下的包容性金融与家庭创业决策》,载《财经研究》2017 年第 9 期。

被动互联网使用的影响，本书在实证部分借鉴周广肃、梁琪以及邱新国、冉光和的变量处理方法，综合采用家庭互联网的业余使用时长和互联网信息的重要程度两个指标代表互联网使用程度，从而更为全面地反映家庭互联网使用的广度和深度。

二、金融资产配置

关于家庭金融资产的定义一直以来都有多种解释方法，其分类也有多种标准。在研究家庭微观经济主体行为的基本论述中，普遍意义的金融资产是指家庭所拥有的以价值形态存在的资产，是一切可以在金融市场上进行交易、具有即期价格和远期估价的资产的总称。在明确家庭金融资产的分类之前，还必须首先确定家庭资产包括的内容，家庭资产除了金融资产之外，还有一部分固定资产，因此本书定义的家庭资产为家庭金融资产和固定资产的总和。

互联网使用通过金融资产配置影响家庭消费升级的传导路径是本书研究的重点。在进行资产分类时，资产流动性的界定是本书开展研究的重要前提。所谓资产流动性是指资产能够应对支付即时需求或投资机会的能力，也被称作资产的变现能力。资产流动性水平是影响家庭消费的重要因素之一。

因此，为了更好地区分家庭金融资产与固定资产的流动性差异，以及金融资产内部的流动性差别，本书借鉴臧旭恒、张欣①和蒋涛、董兵兵、张远②的分类方法，基于家庭资产向消费转化的难易程度，按照资产的流动性属性，由低到高将家庭资产划分为固定资产、低流动性金融资产和高流动性金融资产。固定资产是家庭持有总资产中流动性最低的资产，考虑到当前住房资产在中国家庭所持有资产总额中占有极高的比重，关于家庭固定资产的研究将以家庭住房资产为主要对象；低流动性金融资产是家庭预防性储蓄动机下的货币表现形式，包括长期储蓄存款和储蓄类的其他金融资产等，代表了家庭对未来不确定性预期的强弱程度，家庭这种主动预防的储蓄行为，在短期内会保持一定的规模，流动

---

① 臧旭恒、张欣：《中国家庭资产配置与异质性消费者行为分析》，载《经济研究》2018年第3期。

② 蒋涛、董兵兵、张远：《中国城镇家庭的资产配置与消费行为：理论与证据》，载《金融研究》2019年第11期。

性也相对较低;高流动性金融资产包括家庭持有的股票、债券、基金等流动性较高的资产,由于现金资产和短期银行存款向消费转化的变现能力最强,具有较高的流动性,参考臧旭恒、张欣对现金资产的归类。本书将现金资产和短期银行存款也作为高流动性金融资产进行讨论。根据上述定义和分类,家庭金融资产配置包括家庭对高流动性和低流动性两种金融资产的选择与调整。

三、家庭消费升级

家庭消费是社会消费的基础,影响到宏观经济的稳定增长和社会再生产的可持续进行。本书将家庭消费作为研究的重点内容,在具体分析中将涉及家庭消费结构、家庭消费层次和家庭消费升级概念指标。在后续章节中,本书将用定性和定量方法区分家庭消费结构,并在此基础上,进一步确定家庭消费升级的内容。

消费结构一词在已有消费领域的研究中被普遍使用,虽然其确切的定义在学界还未形成统一认识,但普遍认为在微观表现形式上,消费结构指的是不同形式、不同内容的消费在家庭总体消费中的比重及其彼此之间的相互关系。家庭消费结构主要取决于社会生产结构、市场供给情况,家庭所处的地理条件、生活环境、民族特点、风俗习惯,家庭成员构成、收入情况、兴趣爱好等。按照划分标准的不同,家庭消费结构也存在不同的类型:按照消费内容划分,家庭消费结构可分为物质生活类消费、精神文化类消费、劳务类消费;按照消费目的划分,家庭消费结构可分为生存型消费、发展型消费和享受型消费。

关于家庭消费的绝大多数研究并未给出消费升级的明确定义,但在具体的定性论述中基本都遵循了传统消费理论关于消费需求层次的内涵,强调家庭消费升级是以满足基本生活以外的消费需求所进行的消费行为。① 借鉴已有文献的表述,本书将家庭消费升级概括为以家庭为单位所进行的满足基本生活以外的商品和服务支出,包括家庭成员与之相关种类的个人消费和共同消费的总和。

---

① 向玉冰:《互联网发展与居民消费结构升级》,载《中南财经政法大学学报》2018 年第 4 期。

按照上述定义,家庭消费升级应以家庭消费目的为出发点。因此,本书采用被文献引用较多的第二种消费结构的分类标准[①],将家庭消费结构按照消费目的进行分类,即家庭具体的消费结构包括生存型消费、发展型消费和享受型消费。

依据马斯洛需求理论和孔萨穆特关于消费结构的定性分析,生存型消费为家庭消费的最低层次,是满足家庭最基本生活所必需的生存资料,而发展和享受型消费为家庭较高层次的消费类型,是满足家庭舒适生活、陶冶情操、享受精神愉悦的消费资料,家庭消费总量中发展和享受两种类型的消费比重越高,说明家庭实现了越高的消费层次。[②] 基于以上分析,本书借鉴张慧芳、朱雅玲[③]和李旭洋、李通屏、邹伟进[④]的做法,以家庭消费中发展型和享受型消费的增幅表示家庭的消费升级水平。

在后续章节的具体分析中,本书将基于微观家庭主观消费的目的和行为特征的差异,结合微观家庭跟踪调查数据,将已有文献的定性分类指标和聚类统计特征相结合,根据聚类结果确定家庭消费结构的具体层次,并在此基础上进一步明确家庭消费升级的具体分项内容。

第二节　相关文献综述

本节将分别对互联网使用、金融资产配置以及家庭消费升级三者之间关系的研究文献进行综述。由于家庭金融资产与住房资产对家庭消费的财富效应存在较大的差异,因此在考察互联网使用与家庭消费升级的关系之前,首先要对家庭金融资产和住房资产财富效应的研究文献进行系统梳理。在此基础上,引入互联网使用的相关研究,重点梳理现有文献对互联网使用、金融资产配置

---

① 刘湖、张家平:《互联网对农村居民消费结构的影响与区域差异》,载《财经科学》2016 年第 4 期。

② Kongsamut P, Rebelo S, Xie D. "Beyond Balanced Growth", *Review of Economic Studies*, vol. 68(04), 2001, pp. 91 – 134.

③ 张慧芳、朱雅玲:《居民收入结构与消费结构关系演化的差异研究——基于 AIDS 扩展模型》,载《经济理论与经济管理》2017 年第 12 期。

④ 李旭洋、李通屏、邹伟进:《互联网推动居民家庭消费升级了吗? ——基于中国微观调查数据的研究》,载《中国地质大学学报(社会科学版)》2019 年第 4 期。

以及家庭消费升级之间相互关系的研究。

一、金融资产与住房资产的财富效应比较

对于中国家庭消费率水平较低的问题,国内外的文献进行了较多的研究,并对这一现象产生的原因提出了多种解释,包括家庭人口结构、金融市场波动、家庭消费习惯与偏好、家庭性别差异等。虽然这些解释各有侧重,但都忽视了可能影响家庭消费的另外一个重要因素——家庭资产。

根据生命周期假说和持久收入假说,家庭持有的资产水平增加,分摊到生命周期各个阶段的支出预算就会增多,从而对家庭消费水平的提升产生直接的促进作用,即资产对消费的"财富效应"。在这种情况下,资产总额的变化改变了家庭的预算约束,资产价值的上升可能向外移动了家庭预算约束,从而提升了家庭消费上限。[①] 不同类型的家庭资产发生变化时,其引致的消费响应也不相同。[②] 从目前家庭资产的配置结构来看,金融资产和固定资产是家庭最主要的两类资产,而住房资产不仅占据着中国普通家庭固定资产配置中最为重要的位置,而且在整个家庭资产总额中也有着较高的占比。国内外已有大量文献通过研究家庭住房资产与金融资产的财富效应,分析这两类资产对家庭消费的不同影响。

1. 家庭住房资产与消费关系的研究

国外研究住房资产与消费关系的文献主要关注住房资产的财富效应,调研性实证研究较多,主要的研究成果可归纳为下面几点:

第一,住房资产对消费具有财富效应。住房资产财富效应的大小受到生命周期和持久收入模型的影响,当房产的价格上涨时,家庭因为财富规模扩大而

---

① Poterba J, Samwick A. "Stock Ownership Patterns, Stock Market Fluctuations, and Consumption", *Brookings Papers on Economic Activity*, vol. 02, 1995, pp. 295 – 357.

② Paiella M. "The stock market, housing and consumer spending: a survey of the evidence on wealth effects", *Journal of Economic Surveys*, vol. 23(02), 2009, pp. 947 – 973.

提高总体预算约束，消费需求会增加，进而促进家庭整体消费水平的增长。[①] 相关研究显示，住房资产的财富效应在长期和短期均对家庭消费有着深刻影响，并且住房资产财富效应的长期弹性大于短期弹性[②]，一些学者对美国和新西兰的研究结果也证实了房地产财富效应的存在。[③]

第二，住房资产的财富效应存在地区异质性特征。住房资产价值的变动对处于不同国家和地区的家庭消费的影响存在较大差异。凯德曼通过对比美国、日本和欧元区国家的住房资产财富效应，指出美国住房资产的财富效应要远远大于其他两个地区。[④]

第三，住房资产的财富效应存在生命周期特征。库珀发现住房资产的增值对美国以年轻人为主的家庭以及持有较少流动性资产的家庭影响程度更大。[⑤] 此外，一项针对英国家庭住房资产的调查显示，住房资产价格的上升更能提升老年人家庭和信贷受约束家庭的消费水平。[⑥]

随着中国房地产市场的快速发展，很多学者开始从不同的角度关注中国的住房资产与家庭消费的复杂关系，并在此基础上得出了不同的结论。

一部分研究者认为家庭住房资产对消费支出存在财富效应。学界早期对于住房资产财富效应的研究结论多和国外学者一致。黄静和屠梅曾首次利用微观调查数据（CHNS）实证检验了家庭住房资产与家庭消费之间的关系，结果

---

① Cristini A, Sevilla A. "Do House Prices Affect Consumption? A Re - assessment of the Wealth Hypothesis", *Economica*, vol. 81(324), 2014, pp. 601 - 625.

② Chen J. "Re - evaluating the association betweenhousing wealth and aggregate consumption: new evidence from Sweden", *Journal of Housing Economics*, vol. 15(04), 2006, pp. 321 - 348.

③ Veirman E D, Dunstan. *Does Wealth Variation Matter for Consumption?* Wellington: Reserve Bank of New Zealand, 2010, pp. 153 - 195.

④ Kerdrain C. "How Important is Wealth for Explaining Household Consumption Over the Recent Crisis?: An Empirical Study for the United States, Japan and the Euro Area", *Oecd Economics Department Working Papers*, 2011.

⑤ Cooper D, Dynan K. "Wealth Effects and Macroeconomic Dynamics ", *Journal of Economic Surveys*, vol. 30(01), 2016, pp. 34 - 55.

⑥ Campbell J Y, Cocco J F. "How do house prices affect consumption? Evidence from micro data", *Journal of Monetary Economics*, vol. 54(03), 2007, pp. 591 - 621.

发现住房资产增值能够显著促进家庭消费水平的增长。[①] 一些学者通过发现住房资产财富效应的存在，进一步证实了推行住宅商品化政策的合理性。[②] 此后又有一些研究者从不同角度验证了住房资产财富效应的存在：赵卫亚和王薇使用微观调查数据（CHFS）进行实证分析，结果发现无论长短期，中国住房资产均呈现出微弱的正向财富效应[③]；陈伟通过分析住房资产财富效应的长短期效果，也得出了与前者相似的结论[④]。杜莉、罗俊良认为中国家庭面对房价的快速上涨存在“绝望消费效应”：当住房资产价格上涨至家庭短期购买力临界范围时，部分家庭可能推迟甚至取消原有的购房计划，反而刺激了当期消费。[⑤]

还有一部分研究者认为家庭住房资产价格的上涨对消费的财富效应并不明显。其中，李涛和陈斌开首次区分了家庭住房资产的财富效应和资产效应，研究结果表明住房资产只存在微弱的资产效应，而不存在财富效应。[⑥] 裴育、徐炜锋的研究也得出了与前者相似的结论，只是在对比分析家庭消费与住房资产价格之间的结构性差异时，发现在房价上涨较快阶段，一部分非自有住房家庭会通过“替代效应”增加家庭的消费。[⑦] 此外，一些学者认为住房资产规模的增加不仅没有产生财富效应，甚至会对家庭消费产生挤出效应。[⑧] 万晓莉等人基于总体和微观调研数据的实证研究表明，家庭住房资产价格无论是否预期到上涨，均不会对消费产生显著影响，收入才是影响消费的核心因素。同时，中国家

---

① 黄静、屠梅曾：《房地产财富与消费：来自于家庭微观调查数据的证据》，载《管理世界》2009 年第 7 期。

② 徐迎军、李东：《我国住宅市场财富效应研究》，载《管理评论》2011 年第 1 期。

③ 赵卫亚、王薇：《中国城镇住宅财富效应观察——基于 CHFS2010 微观调查数据》，载《贵州财经大学学报》2013 年第 5 期。

④ 陈伟：《中国房市和股市财富效应之比较实证分析（1994—2013）》，载《首都师范大学学报（社会科学版）》2015 年第 2 期。

⑤ 杜莉、罗俊良：《 房价上升如何影响我国城镇居民消费倾向》，载《财贸经济》2017 年第 3 期。

⑥ 李涛、陈斌开：《家庭固定资产、财富效应与居民消费：来自中国城镇家庭的经验证据》，载《经济研究》2014 年第 4 期。

⑦ 裴育、徐炜锋：《中国家庭住房资产财富与家庭消费——基于 CFPS 数据的实证分析》，载《审计与经济研究》2017 年第 4 期。

⑧ 李春风、刘建江、陈先意：《房价上涨对我国城镇居民消费的挤出效应研究》，载《统计研究》2014 年第 12 期。

庭对住房资产的投资偏好和刚性需求还会抑制家庭消费水平的提升。① 还有一些学者研究发现,中国家庭并未出现像国外家庭一样特别明显的住房资产财富效应,这可能与中国家庭所处的特殊环境有关:无房家庭或者年轻的新生家庭普遍存在"为买房而储蓄"的经济行为,这在一定程度上抑制了家庭消费的增长。② 再加上国内尚未完全放宽住房增值贷款的发放限制,导致家庭住房资产的性质很难区分,家庭预防性储蓄动机会因为房价的上涨而进一步增强。③ 相对于通过住房资产增值所形成的财富效应,大多数家庭同时面临高额购房按揭贷款的偿还压力。从两种影响的对比来看,家庭消费水平受后者影响更为明显。④

由于住房资产在中国家庭资产结构中呈现特殊的属性,目前学界越来越多的研究开始关注住房资产对家庭消费的异质性影响。其一,在收入和年龄异质性方面,高收入人群和中老年人这两个房屋持有群体的资产财富效应显著高于其他人群,而中低收入的年轻租房人群的当期消费甚至会由于住房资产价值的变动而受到抑制。⑤ 其二,在区域异质性方面,廖海勇和陈璋研究了各地区房地产消费属性和投资属性与其财富效应的关系,发现从整体上看,东部省市的住房资产财富效应较强,中西部省市的住房资产财富效应较弱,各省市住房资产财富效应的强弱与消费属性强弱成正比,与投资属性强弱成反比⑥;余华义等人采用统计分析的方法将家庭消费分为高消费和低消费两类,并考察在消费差异

---

① 万晓莉、严予若、方芳:《房价变化、房屋资产与中国居民消费——基于总体和调研数据的证据》,载《经济学(季刊)》,2017 年第 2 期。

② 陈彦斌、邱哲圣:《高房价如何影响居民储蓄率和财产不平等》,载《经济研究》2011 年第 10 期。

③ 李向前、谭小芬、郭强:《我国房地产价格对消费的影响——基于理论与实证的考察》,载《现代财经》2012 年第 2 期。

④ 李江一:《"房奴效应"导致居民消费低迷了吗?》,载《经济学(季刊)》2017 年第 1 期。

⑤ 张五六、赵昕东:《金融资产与实物资产对城镇居民消费影响的差异性研究》,载《经济评论》2012 年第 3 期。

⑥ 廖海勇、陈璋:《房地产二元属性及财富效应的区域差异研究》,载《财贸研究》2015 年第 1 期。

水平下,不同家庭住房资产的变动对消费水平的影响效果①;杨碧云等人考察了中国家庭住房资产价值变动对消费结构的差异化影响,从区域角度来看,住房资产对东部地区家庭消费的影响程度明显大于西部地区,这可能和区域内的经济状况以及市场完善程度有关。② 其三,在住房资产属性的异质性方面,周利通过比较家庭住房资产异质性,发现对于住房面积较大、质量较好、距离市中心较近以及持有两套以上住房资产的家庭来说,房价对家庭消费的促进作用更强③;赵昕东和王勇按家庭住房资产是否存在按揭借贷对家庭进行分类,研究结果表明,存在住房资产按揭贷款在短期内可能对家庭消费有抑制作用,但长期来看两种家庭的消费水平并不存在明显差异④;张浩等人⑤人和张传勇、王丰龙⑥的研究结果则表明,中国的家庭住房资产具有投资与消费的双重属性,但当家庭住房资产表现为自住的消费属性时,无论住房资产价值发生怎样的变化,家庭收入和消费支出均不会受其影响而发生明显波动,而当家庭住房资产表现为非自住的投资属性(出售、出租等)时,住房资产价值的变动则会对家庭消费水平产生显著的正向促进作用。

2. 家庭金融资产与消费关系的研究

20 世纪 90 年代中后期,欧美发达经济体发生的金融市场动荡使实体经济遭受重创,家庭财富大幅缩水,消费支出大幅波动。此后,关于家庭金融资产是否存在财富效应的问题逐渐受到学界的关注,并且家庭金融资产中的股票资产成为研究关注的重点。总结起来,学者围绕这一问题的研究主要聚焦于家庭金

---

① 余华义、王科涵、黄燕芬:《中国住房分类财富效应及其区位异质性——基于35 个大城市数据的实证研究》,载《中国软科学》2017 年第 2 期。

② 杨碧云、肖英豪、张浩:《房地产财富对居民消费影响研究:基于中国家庭金融调查数据的实证检验》,载《北京工商大学学报(社会科学版)》2017 年第 3 期。

③ 周利:《高房价、资产负债表效应与城镇居民消费》,载《经济科学》2018 年第 6 期。

④ 赵昕东、王勇:《住房价格波动对异质性自有住房家庭消费率影响研究》,载《经济评论》2016 年第 4 期。

⑤ 张浩、易行建、周聪:《住房资产价值变动、城镇居民消费与财富效应异质性——来自微观家庭调查数据的分析》,载《金融研究》2017 年第 8 期。

⑥ 张传勇、王丰龙:《住房财富与旅游消费——兼论高房价背景下提升新兴消费可行吗》,载《财贸经济》2017 年第 3 期。

融资产尤其是股票资产的财富效应是否存在,以及由此产生了怎样的家庭消费变化。关于家庭金融资产财富效应存在与否的研究产生了两类截然不同的观点:一类观点认为,绝大多数家庭的金融资产都存在着财富效应,只是影响大小不同。经研究发现,美国家庭投资股票资产存在较强的财富效应,而其他一些OECD 国家的家庭金融资产也存在一定的财富效应,但影响程度稍弱。[①] 新兴市场国家股票资产配置与家庭消费关系的研究结果也证明,家庭的金融市场参与越活跃,对股票资产的边际消费倾向就越高[②],其中韩国家庭金融市场参与对消费的促进作用最为明显[③]。另一类观点则认为,家庭金融资产变动对家庭消费水平的影响程度相对较弱,甚至可能不存在。传统的理论和实证研究可能高估了家庭金融资产的财富效应,家庭金融资产的增值变动对家庭消费的刺激作用可能只是短期的,家庭消费水平的长期影响因素仍然是家庭成员的持久性收入水平。[④]

同时,一些学者开始对家庭金融资产财富效应的影响因素予以探究。有研究者认为,一定数量的美国家庭参与股票市场的投资收益并不会直接转化为家庭消费,原因可能是家庭在面对市场宏观环境和家庭微观环境的诸多不确定因素时,为了应对可能的未知风险,会将一部分股票资产的增值收益转化为用于未来消费的预防性储蓄,导致家庭股票资产的当期财富效应受到了一定抑制。[⑤]除此之外,家庭金融资产的内在分配结构,如家庭持有的股票资产与保险、债券、共同基金等账户的比例变化也可能会影响家庭金融资产对家庭消费的财富效应。[⑥] 而从国别差异来看,金融资产对家庭消费产生财富效应的强弱程度取

---

① Davis M A. ,Palumbo M. "A Primer on the Economics and Time Series Econometrics of Wealth Effects",*Social Science Electronic Publishing*, vol. 09,2001,pp. 65 -91.

② Funke N. "Is there a stock market wealth effect in emerging markets? ",*Economics Letters*,vol. 83(03),2004,pp. 15 -421.

③ Cho S. "Evidence of a stock market wealth effect using household level data",*Economics Letters*, vol. 90(03),2006.

④ León Navarro, Manuel, Rafael F D. "Residential versus financial wealth effects on consumption from a shock in interest rates",*Economic Modelling*, vol. 40(02),2015,pp. 81 -90.

⑤ Deaton A S. "Wealth Effects on Consumption in a Modified Life - Cycle Model",*Review of Economic Studies*, vol. 39(04),2003,pp. 443 -453.

⑥ Starr - Mccluer M. "Stock Market Wealth and Consumer Spending",*Economic Inquiry*, vol. 40(01),2002,pp. 69 -79.

决于各国家庭参与金融市场的投资偏好以及金融资产配置的流动性差异。[①] 同时,不同国家金融体系的结构差异也会对家庭金融资产的财富效应产生影响,相对于政府主导的金融体系而言,市场化程度更高的金融体系更有利于家庭金融资产财富效应的发挥。[②]

近年来,更多的学者开始关注我国金融市场改革及其产生的深远影响。早期对于我国金融资产财富效应的研究仅限于理论层面。[③] 之后的研究开始注重实证检验,使研究结论更具说服力。其中一些研究通过检验金融资产配置与家庭消费的相互关系,从实证角度论证了中国家庭金融资产财富效应的存在。[④] 金融资产价值变动对家庭消费的财富效应强度会受到金融市场周期性波动的影响,比如股票市场的健全程度、上市公司的治理能力等都会成为股票价格变动影响家庭消费水平的内在因素。[⑤] 还有一些研究基于中国资本市场的发展特点,认为中国家庭金融资产配置对消费不存在或者只存在微弱的财富效应。[⑥] 造成这一现象的主要原因是中国资本市场发展还不成熟,资产价格的形成机制和交易规模与家庭投资者的资产收益和分配结构不匹配,家庭对资本市场的价格变化和交易波动很难形成有效预期。[⑦] 另外,一些学者认为,市场中存在的"股市噪声"会是家庭参与资本市场投资的干扰因素,一定程度上也会抑制金融资产对家庭消费财富效应的发挥。[⑧]

随着研究的深入,很多学者开始关注家庭金融资产,尤其是股票资产财富

---

① Labhard V, Sterne G, Young C. "Wealth and Consumption: An Assessment of the International Evidence", *Bank of England Working Papers*, 2005(275).

② Bayoumi T, Edison H. "Is Wealth Increasingly Driving Consumption? ", *Dnb Staff Reports*, vol. 10, 2003, pp. 19 – 38.

③ 梁宇峰、冯玉明:《股票市场财富效应实证研究》,载《证券市场导报》2000 年第 6 期。

④ Zhanjun Z, Honggang X, Bin H E. "Research of the Impact of China's Real Estate and Stock Market on the General Consumption Expenditure of Urban Residents", *Journal of Management*, vol. 85(12), 2017, pp. 131 – 232.

⑤ 曲丽清、汪红丽:《中国股市财富效应的实证分析》,载《上海金融》2007 年第 6 期。

⑥ 赵庆明、郭孟暘:《我国股市财富效应对居民消费影响的实证检验——基于生命周期 - 持久收入理论扩展模型的新视角》,载《证券市场导报》2020 年第 1 期。

⑦ 薛永刚:《我国股票市场财富效应对消费影响的实证分析》,载《宏观经济研究》2012 年第 12 期。

⑧ 卢嘉瑞、朱亚杰:《股市财富效应及其传导机制》,载《经济评论》2006 年第 6 期。

效应的异质性表现特征。一方面,股票市场在不同期限结构下的价格波动对不同类别的消费存在差异化影响。乔智通过微观数据研究了股市市值变动与家庭消费的关联效应,发现股市价值变动对家庭改善性消费的影响较强,对必需品消费和奢侈品消费的影响则较弱 。[①] 马强、苏罂选用微观季度数据考察了中国家庭参与股票市场投资对家庭日常消费和非日常消费的影响,结果表明中国股市对家庭消费的财富效应主要体现为对家庭日常消费的提升作用。[②] 另一方面,股票市场的财富效应还存在区域异质性。张涤新等采用2002年至2012年省际面板季度数据进行相关实证检验,结果表明中国资本市场发展的区域差异较大,市场运行缺乏统一性,不同区域家庭的金融市场参与存在明显的异质性特征,导致家庭股票资产的财富效应地区差异性较大。[③]

3. 家庭住房资产与金融资产对消费影响的比较

一是关于两种资产财富效应的比较研究。当前,国外一些研究偏重于通过比较家庭金融资产与住房资产的财富效应来具体分析资产配置对家庭消费的影响。[④] 这些研究在两种资产对消费的影响强度方面还没有一致的答案,在地区差异性方面尤为明显。如来自美国和新西兰的研究数据表明,家庭住房资产对消费的弹性系数要大于金融资产对消费的弹性系数[⑤];而针对澳大利亚和法国的研究则表明,绝大多数家庭持有金融资产对消费的促进作用要明显高于家庭持有住房资产的影响效果[⑥]。巴雷尔通过比较意大利和英国的家庭资产配置

---

① 乔智:《中国家庭股市资产价值变动对居民消费的影响——来自CHFS的微观证据》,载《南方经济》2018年第8期。

② 马强、苏罂:《我国股市财富效应对居民日常消费的影响》,载《商业研究》2016年第6期。

③ 张涤新、刘正雄、徐忠亚:《股市收益、波动及流动性对城镇居民消费的影响研究》,载《当代财经》2016年第7期。

④ Peltonen T A, Sousa R M, Vansteenkiste I S. "Wealth Effects in Emerging Market Economies", *International Review of Economics & Finance*, vol. 24(02), 2012, pp. 155 – 166.

⑤ Aron J, Duca, Muellbauer J. "Credit, Housing Collateral, and Consumption: Evidence From Japan, The U. K. and The U. S.", *Review of Income & Wealth*, vol. 58(03), 2012, pp. 397 – 423.

⑥ Arrondel L, Lamarche P, Savignac F. "Wealth Effects on Consumption Across the Wealth Distribution: Empirical Evidence", *Working Papers*, 2015.

数据,发现英国家庭的两种资产对消费都有明显的财富效应,但住房资产财富效应的强度大于金融资产,而意大利家庭的住房资产却几乎不存在财富效应,金融资产对消费的影响效果则十分明显。① 早期有部分国内文献研究认为住房资产的财富效应大于金融资产,近年来,随着中国资本市场和金融体系的逐步完善,越来越多的学者发现相对于住房资产而言,中国家庭金融资产的合理配置对消费水平提升的潜在作用更为明显。② 杨耀武和杨澄宇通过构建世代交替模型,从理论和实证角度证实了即使考虑世代交替的时间因素,家庭住房资产的边际消费倾向仍然低于金融资产的边际消费倾向。③

二是关于家庭资产结构与异质性消费的研究。国内外学者从不同的角度分析了资产结构使消费行为产生差异性的原因。坎贝尔首次提出了异质性消费的概念,打破了代表性消费者的假定,有效解释了消费者"短视"性与过度性消费行为,成为经济学分析框架的重要概念④;肖争艳和刘凯指出对于高收入和经济发达地区的家庭来说,较高的资产收益期望和风险偏好度是影响家庭资产结构选择的重要因素,金融资产的风险收益属性对家庭财富积累和消费水平的提升具有更为显著的积极影响⑤;古里普尔和塔贾迪尼从消费者信心的视角考察了不同资产结构引致的财富效应差异,消费水平的提升取决于家庭消费者对于家庭持有资产的心理预期,对未来资产持有较高升值预期的家庭往往会增加当期的消费,对资产价值预期的不确定性在金融资产对消费的影响层面往往表

---

① Barrell R, Costantini M, Meco I. "Housing wealth, financial wealth, and consumption: New evidence for Italy and the UK", *International Review of Financial Analysis*, vol. 42 (01), 2015, pp. 316 - 323.

② 陈训波、周伟:《家庭财富与中国城镇居民消费:来自微观层面的证据》,载《中国经济问题》,2013 年第 3 期。

③ 杨耀武、杨澄宇:《房产财富与金融财富如何影响居民消费? ——理论解释与实证检验》,载《经济科学》2019 年第 2 期。

④ Campbell J, Mankiw N G. "Consumption, Income and Interest Rates: Reinterpreting the Time Series Evidence", *National Bureau of Economic Research*, 1989, pp. 185 - 216.

⑤ 肖争艳、刘凯:《中国城镇家庭财产水平研究:基于行为的视角》,载《经济研究》2012 年第 4 期。

现为较强的消费波动性①。

三是关于资产流动性差异对消费影响的研究。有一些研究者认为家庭持有高流动性资产较少时,消费更易受到流动性约束的影响②。这方面研究强调了家庭资产的流动性,而非家庭持有的资产总额对消费路径的平滑作用。卡普兰和薇奥兰特发现虽然家庭财产性收入的边际消费倾向较高,但富裕家庭由于拥有比重较大的住房资产,更容易受到流动性约束的影响,总资产规模的提升反而不会促进富裕家庭的消费③;王智茂等人利用恩格尔系数在家庭消费区段上的突变节点,将样本划分成四类异质性家庭,发现对于流动性偏好较强的小康家庭而言,金融资产对消费的促进作用更为显著,而住房资产配置比例较高的富裕家庭则会削弱金融资产财富效应的发挥④;臧旭恒和张欣从家庭资产配置对异质性消费行为的影响以及资产变现成本角度,实证检验了家庭资产流动性约束的影响,结果发现有房家庭和无房家庭都会在流动性约束条件下主动提高预防性储蓄,用以平滑未来家庭消费⑤;周弘等人认为住房资产在缓解家庭金融约束的同时增加了资产风险,对于家庭资产配置收益的促进作用下降,受流动性约束影响低的家庭能够获得更高的资产配置收益和消费动能⑥。亨特利和米凯兰杰利通过分析家庭递延税项资产对消费的影响指出,虽然家庭能够预见未来收入的增长,但当期较大比重的递延税项资产会增强流动性约束对消费的影响,使得消费增长并不显著,说明在不同资产结构条件下,家庭消费行为会受

---

① Gholipour F H, Tajaddini R. "Housing Wealth, Financial Wealth and Consumption Expenditure: The Role of Consumer Confidence", *Journal of Real Estate Finance & Economics*, vol. 54(02), 2017, pp. 216 - 236.

② Jappelli T, Pistaferri L. "Fiscal Policy and MPC Heterogeneity", *American Economic Journal: Macroeconomics*, vol. 6(04), 2014, pp. 107 - 136.

③ Kaplan G, Violante G L. "A Model of the Consumption Response to Fiscal Stimulus Payments", *Econometrica*, vol. 82(04), 2014, pp. 1199 - 1239.

④ 王智茂、任碧云、王鹏:《互联网信息依赖度与异质性家庭消费:金融资产配置的视角》,载《管理学刊》2020 年第 2 期。

⑤ 臧旭恒、张欣:《中国家庭资产配置与异质性消费者行为分析》,载《经济研究》2018 年第 3 期。

⑥ 周弘、张成思、何启志:《中国居民资产配置效率的门限效应研究:金融约束视角》,载《金融研究》2018 年第 10 期。

到资产流动性的影响。①

二、互联网使用与金融资产配置的关系

金融资产配置的理论基础最早源于马科维茨提出的资产组合理论②。随着研究的深入，很多学者开始在动态环境中探讨家庭金融资产配置的影响因素，尤其是市场敏感度更高的资本市场投资行为。然而，基本的生命周期模型假定了信息对称性和市场完美性，回避了家庭市场的有限参与问题，无法回答诸如流动性约束、市场交易成本、不完全信息等因素对家庭金融资产配置影响的时间和程度。③

近年来，越来越多的文献开始以市场有限参与谜团为出发点，从微观视角探讨家庭金融资产配置的影响因素。一部分研究从人力资本角度分析，主要讨论家庭成员的智商、教育水平、认知能力、金融素养等方面的条件对于家庭金融资产配置的影响；另一部分从家庭背景风险来考察，讨论年龄结构、健康水平、婚姻和人口因素以及制度和文化特点等对家庭金融市场参与的影响。然而，从信息对微观家庭决策的影响来看，缺乏有效信息渠道可能是阻止家庭参与金融市场投资的又一重要原因④，互联网使用的普及和发展，恰好为解决上述问题提供了条件。已有的文献对互联网使用与家庭微观表现进行了较为丰富的研究，如家庭幸福感、创业决策以及社会信任等，而对互联网使用影响家庭资产配置方面的研究主要集中于探讨如何降低信息成本，改善家庭在资本市场的"有限参与"问题。

首先，在对互联网传导渠道和影响机制的研究中，一部分文献考察了家庭

---

① Huntley J, Michelangeli V. "Can Tax Rebates Stimulate Consumption Spending in a Life - Cycle Model? ", *American Economic Journal Macroeconomics*, vol. 6(01), 2014, pp. 162 - 189.

② Markowitz H. "Portfolio Selection", *Journal of Finance*, vol. 7(01), 1952, pp. 77 - 91.

③ Belsky E, Prakken J. "Housing's impact on wealth accumulation, wealth distribution and consumer spending", *The Joint Center for Housing Studies Working Paper*, 2004, No. 201435.

④ Hong H, Jeffrey Z, Jeremy C. "Social Interaction and Stock market Participation", *Journal of finance*, vol. 59(01), 2004, pp. 137 - 163.

利用互联网进行信息搜寻和社会互动来降低信息成本的效果。[①] 从信息搜寻的角度来看,孙浦阳等人认为基于互联网技术的电商平台能够通过增加交易双方单位时间的搜寻次数,提升信息搜寻效率,进而影响所需商品和服务的市场均衡价格。[②] 贺娅萍和徐康宁通过研究发现互联网作为重要的信息搜寻渠道,可以起到降低信息使用成本,促进供需结构平衡,优化社会资源配置等作用,而存在不同经济、文化、人口等特征属性的城乡家庭在互联网使用的数量和质量上存在明显的异质性特征[③];王智茂等人通过比较互联网作为信息来源在不同微观家庭的重要程度,发现与线上消费相比,家庭在金融投资方面对互联网信息搜寻的依赖度更高[④];白海峰等人基于清华大学消费金融调查数据的研究也证实了互联网渠道通过降低信息搜寻成本,在提高家庭资本市场参与方面的成果更为显著[⑤]。从社会互动的角度来看,互联网使用构建的人际交流网络更能提高信息传播的效率,线上互动具有更好的个人私密性,能够实现人际交往过程中更深层次的交流,以及兴趣、话题的共享,进而有助于微观个体社会资本的积累。[⑥] 此外,互联网使用的普及打破了空间的限制,有利于家庭构建更为广泛的社会网络,进一步加快了社会资本的积累速度,为家庭个体间接获取有效信息资源创造了条件。[⑦] 林建浩等人的研究证实了互联网时代以朋友圈形成为特征

---

① 魏金龙、郑苏沂、于寄语:《家庭异质性、互联网使用与商业保险参保——基于中国家庭金融调查数据》,载《南方金融》2019 年第 9 期。

② 孙浦阳、张靖佳、姜小雨:《电子商务、搜寻成本与消费价格变化》,载《经济研究》2017 年第 7 期。

③ 贺娅萍、徐康宁:《互联网对城乡收入差距的影响:基于中国事实的检验》,载《经济经纬》2019 年第 2 期。

④ 王智茂、任碧云、张岩:《互联网信息渠道促进家庭金融投资了吗?》,载《贵州社会科学》2019 年第 10 期。

⑤ 白海峰、李羽翔、胡文韬:《互联网信息渠道与家庭资本市场参与行为》,载《管理现代化》2019 年第 3 期。

⑥ 龙翠红、易承志、栗长江:《 互联网使用对居民幸福感的影响:基于全国性数据的实证分析》,载《中国社会科学》2019 年第 4 期。

⑦ Lin N. *Social Capital: A Theory of Social Structure and Action*, Cambridge: Cambridge University Press, 2001.

的新型社会互动模式对家庭个体参与金融市场产生了正向促进作用①；威尔德坎普通过研究还发现在金融市场参与方面，相对于线下社会互动，线上互动的社会网络效应更加有效，互联网信息发达的社区比线下社会互动对家庭股市参与有更大的正向影响②。

其次，在互联网金融快速发展的大背景下，互联网使用与金融市场的融合度越来越高，除了信息搜寻和社会互动因素外，还有一些研究者认为，互联网使用能够提升微观家庭金融市场参与的重要原因在于互联网金融与家庭经济活动的深度融合，这有利于改善微观家庭的金融可及性，并促进家庭金融行为的有效决策。③。从文献的研究现状来看，金融可及性的提升主要表现在金融供给和市场交易两个层面。其一，以互联网金融这一新型模式下的家庭金融供给作为出发点，互联网信息渠道提供了更为多元化的金融产品供给模式。魏昭、宋全云和董晓林的研究表明，互联网已经成为中国家庭购买金融理财产品的重要途径；同时，信息渠道的增加还会带来家庭互联网使用意愿的显著提高。④⑤ 尹志超、张号栋将互联网金融引入实证模型，结果显示互联网金融可以有效满足传统金融不可及的家庭信贷需求，并能够改善家庭信贷约束的影响。⑥ 其二，互联网使用可以降低交易成本，改善市场摩擦造成的市场“有限参与”问题。周广肃、梁琪和吴琦的研究均表明互联网使用降低了家庭金融市场的交易成本，提高了家庭参与金融投资的概率。⑦⑧

---

① 林建浩、吴冰燕、李仲达:《家庭融资中的有效社会网络:朋友圈还是宗族?》,载《金融研究》2016 年第 1 期。

② Veldkamp L. *Information Choice in Macroeconomics and Finance*, Princeton: Princeton University Press, 2011.

③ 谢平、邹传伟:《互联网金融模式研究》,载《金融研究》2012 年第 12 期。

④ 魏昭、宋全云:《互联网金融下家庭资产配置》,载《财经科学》2016 年第 7 期。

⑤ 董晓林:《信息渠道、金融素养与城乡家庭互联网金融产品的接受意愿》,载《南京农业大学学报(社会科学版)》2018 年第 4 期。

⑥ 尹志超、张号栋:《金融可及性、互联网金融和家庭信贷约束——基于 CHFS 数据的实证研究》,载《金融研究》2018 年第 11 期。

⑦ 周广肃、梁琪:《互联网使用、市场摩擦与家庭金融资产投资》,载《金融研究》2018 年第 1 期。

⑧ 吴琦:《互联网使用与中国家庭股市参与决策——基于 CHFS 数据的实证研究》,载《现代管理科学》2018 年第 6 期。

最后,从互联网使用对家庭金融资产配置的影响和意义上来看,互联网使用不仅有利于家庭微观主体的市场参与,同时对改善区域金融发展不平衡,提升普惠金融发展水平也具有积极作用。邱新国、冉光和通过考察互联网使用对家庭融资行为的影响机制,发现互联网使用显著提高了家庭正规融资可得性及融资额度。[①] 宋晓玲、侯金辰的研究也证实了互联网使用的普及对提高欠发达区域的普惠金融水平具有积极促进作用。[②] 此外,还有一些研究者认为互联网使用与金融市场的快速发展改变了家庭金融资产的风险偏好和流动性约束。周光友、罗素梅的研究表明:互联网金融在给传统金融业带来冲击的同时,也改变了人们在资产配置中的流动性偏好和风险收益选择;互联网金融在一定程度上调和了家庭金融资产在"收益性、流动性和安全性"之间的矛盾,兼顾了"三性"的相对统一。[③]

但是,一些研究者也发现,不同家庭的微观主体在风险偏好和流动性约束上存在较大不同,这也将影响家庭金融资产的需求。因此,很多文献中研究者认为互联网使用对异质性家庭的金融行为也会产生差异化影响,导致互联网信息引致的家庭金融资产配置存在不同变化。周广肃、梁琪就认为互联网对中国家庭投资风险金融资产的促进作用主要存在于高收入、高教育、非农户籍家庭中。[④] 刘宏、马文瀚的实证结果证明了互联网使用对于家庭金融投资参与的促进效应在金融投资参与率较高、互联网普及率较高的区域,以及年轻人口比重较大的家庭更为明显,并且这一现象具有明显的社会乘数效应,会放大所在区域家庭金融投资盈亏的外部影响。此外,线上社会互动对家庭住房资产投资参与的影响机制还不是很明确。[⑤] 马克斯·格拉泽和亚历山大·克洛斯利用德国

---

① 邱新国、冉光和:《互联网使用与家庭融资行为研究——基于中国家庭动态跟踪调查数据的实证分析》,载《当代财经》2018 年第 11 期。

② 宋晓玲、侯金辰:《互联网使用状况能否提升普惠金融发展水平?——来自 25 个发达国家和 40 个发展中国家的经验证据》,载《管理世界》2017 年第 1 期。

③ 周光友、罗素梅:《互联网金融资产的多目标投资组合研究》,载《金融研究》2019 年第 10 期。

④ 周广肃、梁琪:《互联网使用、市场摩擦与家庭金融资产投资》,载《金融研究》2018 年第 1 期。

⑤ 刘宏、马文瀚:《互联网时代社会互动与家庭的资本市场参与行为》,载《国际金融研究》2017 年第 3 期。

储蓄研究的数据进行实证研究也发现,“互联网使用增加金融市场参与度”这种现象主要存在于财富水平较高的家庭,并且对高知识水平的年轻中产家庭促进作用更为明显。①

三、互联网使用与家庭消费的关系

近几十年来,由互联网信息通信技术(Information and communication technologies)引发的大规模资源重组与聚合,显著加强了社会、经济等各个领域的密切联系,信息聚合引导的高度互联互通为释放中国家庭的消费需求提供了强大动力。② 现有文献研究者普遍认为互联网使用有助于跨区域的消费集聚,并能够显著提升总体消费规模。互联网信息渠道作为消费领域的一项重要创新,不仅改变了传统的交易方式,在空间和时间上拓展了交易范围和交易规模③,还重塑了家庭消费的信息传递模式,促进个性化需求和消费产品的更新迭代,成为带动微观家庭主体改变消费方式、实现消费结构升级的重要引擎④。关于互联网使用与家庭消费的关系,已有研究者主要集中于探讨互联网使用对家庭消费产生的影响效应,主要包括新型信息获取模式对家庭消费需求的直接和间接影响作用,以及由此引起的消费结构异质性表现,主要包括以下三个方面。

第一,互联网作为信息渠道在家庭消费信息获取过程中对消费需求的直接作用。多数学者认为,互联网通过改善供需双方信息不对称现象,降低交易成本,有效提升了总体消费水平。⑤ 现有研究可以从信息可得性和有效性两个角度对互联网信息渠道的作用进行归纳:从互联网信息可得性来看,互联网为信

---

① Markus G, Alexander K. “Causal Evidence on Internet Use and Stock Market Participation”, *Social Science Electronic Publishing*, vol. 02, 2012, pp. 123 - 160.

② 江小涓:《高度联通社会中的资源重组与服务业增长》,载《经济研究》2017 年第 3 期。

③ 罗珉、李亮宇:《互联网时代的商业模式创新:价值创新视角》,载《中国工业经济》2015 年第 1 期。

④ 马香品:《数字经济时代的居民消费变革:趋势、特征、机理与模式》,载《财经科学》2020 年第 1 期。

⑤ Nakayama Y. “The Impact of Ecommerce: It Always Benefits Consumers, But May Reduce Social Welfare”, *Japan and the World Economy*, vol. 21(3), 2009, pp. 239 - 247.

息供应者提供了具有规模效应的平台，为家庭消费者提供了低成本的信息获取渠道。一方面，“互联网+”战略的推进加快了互联网经济的发展，互联网技术有助于企业提高消费市场占有率、拓展新的消费市场①；互联网经济所带来的顾客社群和网络效应使互联网信息供给呈现边际报酬递增的特征，海量的互联网信息成为可能带来超额引致消费的重要推手②。另一方面，互联网时代消费升级表现为家庭主体追求个性化、品质化、体验化等特征，家庭消费的核心是以平台模式满足家庭主体复杂多变的消费需求。③ 由于互联网信息具有低交易成本的外部经济性，家庭消费者可以通过互联网以较低的成本及时获取符合自身需求的消费信息④，“虚实结合”的场景消费模式更有效地实现了线上线下的无缝衔接，有助于家庭个体获得更多的可选择商品和服务品种⑤，同时，家庭消费者主观上也会产生更强烈的消费选择多样化需求，有助于激发家庭新的消费意愿。⑥ 从互联网信息有效性来看，互联网渠道和线下社会互动存在明显的替代关系，但网络渠道传递相对准确可靠的信息，也更有助于市场稳定。⑦ 在可获得互联网信息的情况下，互联网信息的可验证度和示范效应要明显高于线下社会互动获取的信息，因而互联网信息可能更容易被家庭消费者接受。⑧

第二，互联网作为信息渠道对家庭消费需求的间接引致作用。还有一部分

---

① Ferguson C, Finn F, Hall J. “Speculation and Ecommerce: The Long and the Short of IT”, *International Journal of Accounting Information Systems*, vol. 02, 2010, pp. 234－256.

② 赵振：《“互联网+”跨界经营：创造性破坏视角》，载《中国工业经济》2015年第10期。

③ 王先庆、雷韶辉：《互联网背景下智能手机普及对消费升级的影响研究》，载《重庆工商大学学报（社会科学版）》2019年第2期。

④ 向玉冰：《互联网发展与居民消费结构升级》，载《中南财经政法大学学报》2018年第4期。

⑤ 刘长庚、张磊、韩雷：《中国电商经济发展的消费效应研究》，载《经济理论与经济管理》2017年第11期。

⑥ 王茜：《“互联网+”促进我国消费升级的效应与机制》，载《财经论丛》2016年第12期。

⑦ 郭士祺、梁平汉：《社会互动、信息渠道与家庭股市参与——基于2011年中国家庭金融调查的实证研究》，载《经济研究》2014年第1期。

⑧ Niwerburgh S V, Veldkamp L. “Information Acquisition and Under－Diversification”, *Review of Economic Studies*, vol. 77(02), 2010, pp. 779－805.

研究基于传统消费理论的传导路径,认为互联网信息技术的发挥首先对家庭就业与收入产生影响,进而探讨消费的总量与结构变化。程名望、张家平的微观实证结果表明互联网可通过"收入效应"和"净消费效应"来影响家庭消费规模和结构的变化[①];李雅楠、谢倩芸发现互联网使用显著提升了家庭个体的工资收入,并对家庭消费水平有积极的影响,而且对拥有高中以上学历的家庭个体影响效果更为明显[②]。此外,还有一些研究者从家庭创业的角度证实了互联网使用可以通过提升家庭创业水平来增加收入,并进一步改善总体消费水平。周洋、华语音研究发现,互联网在捉进家庭社会交往和提高家庭获取信息便利性的同时,可以增强家庭创业的主观意愿和创业条件,从而有效增加家庭的创业收入,促进家庭消费升级[③];德特兰则从家庭女性就业的角度出发,发现互联网使用弱化了工作地点和工作技能的限制,有助于扩展女性的就业范围,进而提升家庭的整体消费能力[④]。

第三,互联网使用对家庭消费结构影响的异质性表现。现有研究主要关注了互联网使用对缩小区域消费差距以及家庭消费结构升级的影响,一部分学者探讨了城乡二元结构家庭的消费异质性,研究结果证明互联网普及显著降低了城乡家庭消费差距[⑤];从全国范围看,互联网使用对农村家庭总体消费支出以及分项消费支出均有显著的正向影响,并且对东部经济发达地区农村家庭消费的影响程度显著大于西部欠发达地区[⑥];相比于城镇家庭和低收入家庭,互联网使

---

① 程名望、张家平:《新时代背景下互联网发展与城乡居民消费差距》,载《数量经济技术经济研究》2019 年第 7 期。

② 李雅楠、谢倩芸:《互联网使用与工资收入差距——基于 CHNS 数据的经验分析》,载《经济理论与经济管理》2017 年第 7 期。

③ 周洋、华语音:《互联网与农村家庭创业——基于 CFPS 数据的实证分析》,载《农业技术经济》2017 年第 5 期。

④ Dettling L J. "Broadband in the Labor Market: The Impact of Residential High Speed Internet on Married Women's Labor Force Participation", *ILR Review*, vol. 70(3), 2017, pp. 451 - 482.

⑤ 祝仲坤、冷晨昕:《互联网与农村消费——来自中国社会状况综合调查的证据》,载《经济科学》2017 年第 6 期。

⑥ 刘湖、张家平:《互联网对农村居民消费结构的影响与区域差异》,载《财经科学》2016 年第 4 期。

用对农村家庭和高收入家庭的消费具有更为明显的促进效果①。此外,还有一些文献分析了互联网使用对家庭消费结构升级的影响。杜丹清认为,围绕产品、渠道和服务三个方面的创新革命,互联网为家庭消费者在消费观念、消费环境以及消费方式上创造了全面升级的条件。② 在对具体消费结构的研究中,学者们普遍认为家庭消费存在内生的结构异质性,互联网促进家庭消费结构升级是通过家庭生存型消费、享受型消费和发展型消费的多维路径实现的。刘湖、张家平基于家庭生存型、享受型以及发展型三种内在消费结构的划分,研究了互联网使用对家庭消费结构升级的影响,结果显示互联网使用具有促进农村居民家庭消费结构从生存型消费向享受型与发展型消费转变的潜力③;李旭洋等人基于搜寻理论,将互联网变量加入传统家庭效用函数中,实证结果也显示互联网使用显著提高了家庭享受型消费和发展型消费在总消费支出中的比重④。

综合来看,已有文献更多地考察了互联网信息在降低交易成本和减少市场信息不对称方面对消费的促进作用,主要将互联网信息本身作为考察目标。但是,不同家庭对于互联网信息的接受程度不尽相同,互联网使用对于家庭经济行为的影响存在较强的家庭异质性特征,这需要从家庭互联网使用的微观角度做进一步的探讨。

四、文献述评

围绕互联网使用、金融资产配置与家庭消费内在影响研究这一话题,本部分主要对研究三者关系的文献进行述评,并在已有文献基础上提出本书试图做出的改进以及可能的研究重点。

第一,通过梳理家庭金融资产与住房资产对消费"财富效应"影响的文献发

---

① 李旭洋、李通屏、邹伟进:《互联网推动居民家庭消费升级了吗?——基于中国微观调查数据的研究》,载《中国地质大学学报(社会科学版)》,2019 年第 4 期。

② 杜丹清:《互联网助推消费升级的动力机制研究》,载《经济学家》2017 年第 3 期。

③ 刘湖、张家平:《互联网对农村居民消费结构的影响与区域差异》,载《财经科学》2016 年第 4 期。

④ 李旭洋、李通屏、邹伟进:《互联网推动居民家庭消费升级了吗?——基于中国微观调查数据的研究》,载《中国地质大学学报(社会科学版)》2019 年第 4 期。

现,尽管学界关于家庭金融资产和住房资产的配置结构差异对家庭消费的影响作用并未形成统一观点,但已有一些研究开始从宏观角度关注家庭资产配置结构及其变化情况对整体消费的影响。然而,由于家庭资产配置具有消费、投资、抵押等多重属性,考虑到资产流动性、收益性以及风险性等方面的差异,资产的性质与结构差异有可能使微观家庭个体遵循与传统生命周期理论不同的消费路径,但基于微观家庭资产流动性与分配结构视角的相关研究则相对较少。即便一些研究引入了行为经济学的研究范式,开始有针对性地比较微观家庭金融资产和住房资产结构对于消费的影响路径,也仅限于理论层面和对统计结果的分析,对于抑制中国家庭消费率水平增长内在因素的分析相对较少,尤其从资产流动性角度探讨家庭消费结构差异的文献尚不多见。

第二,互联网使用对于家庭金融资产配置的影响已经得到了大量文献的研究证实,现有研究从不同角度对家庭金融资产选择的影响因素进行了深入分析。综合来看,已有文献更多地考察了互联网使用在降低市场交易成本、减少信息不对称,以及改善市场"有限参与"等方面对家庭金融资产选择的积极作用,主要将互联网信息本身作为考察目标,并且通过社会互动、信息搜寻等渠道对家庭的金融市场参与产生影响。但是,由于宏观经济环境、资产管理意识、风险认知的不同,家庭金融资产配置的微观选择存在较大差异,互联网信息渠道在异质性家庭中的传导路径也不尽相同,综合考虑家庭整体资产配置与最终消费的研究相对缺乏,更鲜有对其传导渠道、影响效应、家庭异质性进行更为深度剖析的文章。

第三,在互联网使用对家庭消费的影响的研究方面,相关文献强调了互联网要素的进入在缓解信息不对称和降低消费成本方面对家庭消费结构升级的影响逻辑,并且对城乡家庭消费结构升级产生差异性的影响因素进行了分析。但是,此类研究多集中在对家庭消费类别差异的分析,且多偏重于理论分析,实证分析相对较少,理论分析也多基于传统收入理论框架展开,从价格水平、收入差距、社会保障和不确定性等角度分析可能的消费影响因素,鲜有研究互联网使用影响家庭消费的金融资产配置路径的相关文献,尤其缺少对互联网使家庭金融资产配置产生内在结构变动而影响家庭消费的研究。

在研究方法上,目前主要的实证方法分为两类:一类是以宏观数据为分析基础的时间序列模型,另一类是以微观调研数据为统计样本的计量模型。前者在处理方法上通常采用差分和缩减的形式，主要探讨家庭资产的边际消费倾向；后者则主要采用面板或者截面模型，通过变量取对数的形式，估计并检验家庭资产的消费弹性。对于这两种研究方法，波斯提克和法林哈认为，宏观时间序列的研究方法并不能具体区分资产和消费之间存在的因果联系，很难明确家庭消费的增长是否由资产增值所致。此外，微观家庭特征，如人口、学历、健康等个体变量在宏观数据中不能被有效控制，这样可能在总体模型中导致变量遗漏和内生性强化等问题。[①][②] 总之，基于宏观经济数据研究家庭资产与消费关系很难把握到微观家庭的异质性特征，对于存在较强异质性的家庭而言，一些差异性表现可能会在宏观数据的作用下相互抵消，使得家庭资产变动与消费的整体关系研究不甚精确。

基于上述问题，本书试图做如下改进：一是在理论上，构建基于资产性质差异的家庭消费理论模型，从资产流动性差异的角度分析金融资产配置对消费结构的影响机理，以弥补相关理论研究的不足。二是在实证方面，基于金融资产配置视角，对互联网使用影响家庭消费升级的金融资产配置路径进行实证检验，丰富互联网使用与家庭消费的相关实证研究。三是在研究对象上，从互联网使用的微观主体影响效应出发，利用中国家庭追踪调查（CFPS）微观数据，讨论互联网使用通过金融资产配置影响家庭消费升级的内在作用机理和传导渠道。

---

① Bostic R, Gabriel S, Painter G. "Housing Wealth, Financial Wealth, and Consumption: New Evidence from Micro Data", *Regional Science and Urban Economics*, vol. 39(01), 2009, pp. 79 - 89.

② Farinha L. "Wealth effects on consumption in Portugal: a microeconometric approach", *Banco de Portugal, Econojics and Reserch Dipartment Working Paper*, No. 2008(01).

第三章　互联网使用、金融资产配置与家庭消费的理论分析

本章主要从理论层面分析互联网使用、金融资产配置和家庭消费三者之间的关系,从理论上阐述金融资产配置在互联网影响家庭消费机制中的传导路径和影响效应,具体包括三个方面:阐述相关理论基础,分析影响机理,构建理论模型。本章从理论层面回答了本书关注的两个问题:1. 资产流动性视角下,金融资产配置影响家庭消费的机理是什么? 2. 互联网使用能否通过金融资产配置影响家庭消费升级?

第一节　相关理论基础

本节将主要阐述构建理论模型所依据的理论基础,包括消费理论、资产组合理论、互联网经济理论等基本前沿理论,分析金融资产配置对家庭消费的影响机理所依据的理论,就互联网经济的微观层面进行理论归纳,论证和探讨相关论述对传统微观经济理论的挑战,为本书分析互联网使用对家庭消费的影响提供理论依据。

一、不确定性消费理论

莫迪利亚尼 、布伦伯格和弗里德曼在确定性等价框架下提出的生命周期假说和持久收入假说形成了消费理论研究的早期理论体系,该理论体系以具有相同偏好的完全理性消费者为研究对象,指出消费者的消费行为会根据整个生命

周期的财富水平进行每一期的分配,从而实现整个消费周期的平滑。[①②] 20 世纪 70 年代的理性预期革命打破了传统消费理论关于确定性等价的条件,霍尔经过比较分析发现消费具有过度反应和过度平滑的特征,并据此提出了随机游走假说。[③] 此后的一些研究不断对传统生命周期 - 持久收入理论(LC - PIH)的假定和研究框架进行修正和完善,基于现实消费的角度,逐步将理论分析向动态消费决策的行为分析转变。

1. 预防性储蓄理论

依据霍尔采用的欧拉方程推导方法,二次型效用函数中的边际效用会在消费水平达到某一数值时变为零,之后进一步变为负数。由于家庭个体消费的边际效用呈现递减特征,而家庭消费的风险厌恶系数会随着消费的增加而提升,因此,当家庭未来收入面临不确定性时,家庭更倾向于放弃或者降低当前的消费水平以平滑未来消费的波动性,利兰德将这种情况称为"预防性储蓄动机"[④]。韦尔和卡罗尔等人在此后的研究中引入不确定性和消费者谨慎假设,通过数学推导证明了家庭消费过程中存在明显的预防性储蓄动机,且该动机与家庭未来的不确定预期和收入预期紧密相关,并基于此推导出具有无限寿命的代表性消费者[⑤]的动态随机最优消费解析解。[⑥⑦] 总的来看,预防性储蓄理论体现

---

① Modigliani F, Brumberg R. " Utility Analysis and the Consumption Function: An Interpretation of Cross - Section Data", *Journal of Post Keynesian Economics*, vol. 11, 1954, pp. 388 - 436.

② Friedman M. *A Theory of the Consumption Function*, Princeton: Princeton University Press, 1957.

③ Hall R E. "Stochastic Implications of the Life Cycle - Permanent Income Hypothesis: Theory and Evidence", *Journal of Political Economy*, vol. 86(06), 1978, pp. 971 - 987.

④ Leland H E. "Saving and Uncertainty: The Precau - Tionary Demand for Saving", *Quarterly Journal of Economics*, vol. 82(03), 1968, pp. 465 - 473.

⑤ 无限寿命的代表性消费者具有不变的跨期替代弹性和绝对风险厌恶系数为常数的特征。

⑥ Weil P. "Precautionary Savings and the Permanent Income Hypothesis", *Review of Economic Studies*, vol. 60(02), 1993, pp. 367 - 383.

⑦ Carroll C D, Samwick A A. "How Important Is Precautionary Saving? ", *Review of Economics and Statistics*, vol. 80(03), 1998, pp. 410 - 419.

了在消费者预见未来可能存在较大不确定性时，为了可以平滑整个生命周期的消费水平，消费者会通过减少或放弃当期消费并增加预防性储蓄资产的方式降低未来的不确定性对家庭消费的负面影响。

2. 流动性约束理论

扎尔迪斯基于消费者面临金融市场的不完善，无法实现自由借贷的假设，提出了流动性约束假说，流动性约束的存在会在一定程度上使家庭产生更强的预防性储蓄动机，进而出现家庭为了储蓄而进一步减少消费的现象。一方面，如果流动性约束是趋紧的，当家庭即期收入下降时，由于家庭很难通过金融借贷手段获取消费的流动性，此时家庭消费水平会呈现明显下降的趋势；而另一方面，即便一些家庭受当期流动性约束的影响较弱，但是能够预见到远期流动性有出现趋紧的可能，那么家庭也会缩减当期的消费水平。[①] 格罗斯、苏莱斯通过考察美国家庭信用卡消费受家庭信贷约束的影响程度，实证证实了扎尔迪斯的结论。他们发现，流动性约束不仅对当期的家庭消费产生制约，而且对可预知未来流动性变化的家庭消费同样至关重要. [②]基本回归模型如下：

$$\Delta B_{it} = b_0 \Delta L_{it} + b_1 \Delta L_{i,t-1} + \cdots + b_{12} \Delta L_{i,t-12} + a X_{it} \quad (3.1)$$

其中，t 代表时间（月份），i 代表第 i 个家庭，L 表示的是家庭面临的信贷约束，B 表示待偿利息和债务，$\boldsymbol{X}$ 是向量形式的一组控制变量。

3. 缓冲存货理论

预防性储蓄理论和流动性约束理论表明，家庭为了达到平滑生命周期整体消费水平的目的，会选择压缩当期消费，增加预防性储蓄，进而降低未来不确定风险对家庭消费的负面冲击。但是，迪顿在上述理论的基础上引入了家庭微观个体的心理影响因素，将个人的缺乏持久耐心、过度谨慎以及流动性约束的条件加入理论分析框架，提出了缓冲存货（Buffer - Stock）理论。他指出家庭不仅

---

① Zeldes S P. “Consumption and Liquidity Constraints：An Empirical Investigation”, *Lournal of Political Economy*, vol. 97(02), 1989, pp. 305 - 346.

② Gross D B, Souleles N S. “Do Liquidity Constraints and Interest Rates Matter for Consumer Behavior? Evidence from Credit Card Data”, *Quarterly Journal of Economics*, vol. 117(01), 2002, pp. 149 - 185.

可以通过增加预防性储蓄实现消费水平的周期性稳定，也可以通过持有资产的方式替代储蓄，同样能够达到平滑生命周期消费水平的效果。[①] 预防性储蓄和缺乏流动性的双重约束为家庭通过持有资产改善消费水平提供了理论上的可能性和动机，特别是在家庭对未来不确定预期较强，且面临较大流动性约束时，家庭资产将扮演一种重要的缓冲存货角色，有利于家庭在收入出现大幅波动时，仍能保持相对平稳的消费水平[②]，具体的模型表述如下：

$$\text{Max } u = E_t\{\sum_{\tau=t}^{\infty}(1+\delta)^{t-\tau}\cdot\nu(c_t)\} \tag{3.2}$$

资产积累方程：

$$A_{t+1} = (1+r)(A_t + y_t - c_t) \tag{3.3}$$

流动性约束：

$$A_t \geqslant 0 \tag{3.4}$$

其中，$\delta>0$，是即期的贴现利率，$\nu(c_t)$为即期的效用函数表达式，c_t代表家庭的消费支出水平，y_t代表家庭主体的收入水平，A_t为家庭实际持有的资产规模，r代表市场实际利率，$y_t\in[y_0,y_1]$，$y_0>0$，$y_0\leqslant y_1\leqslant\infty$。迪顿假设了货币的瞬时边际效用$\lambda(c_t)=\nu(c_t)$，并且令$\delta>r$，表示家庭消费者是缺乏耐心的。

4.行为经济学的消费理论拓展

20世纪80年代以后，关于微观主体心理特征对经济行为的影响逐渐引起了学者们的广泛关注。基于行为经济学的消费理论研究发现，家庭微观消费个体并非完全理性，家庭持有的资产也不具有完全的替代性。戴纳内斯和温斯特将消费刚性概念引入跨期消费模型，修正了跨期消费的独立可分假设，并在此基础上提出了消费习惯形成理论[③][④]；迪顿、戴纳内斯、卡罗尔等人引入消费黏

① 家庭将先前持有的资产在收入下降的年份卖出，转换成额外的现金资产，并借此用于消费支出，以维持此前的消费水平。

② Deaton A. "Saving and Liquidity Constraints", *Ecomometrica*, vol. 59(05), 1991, pp. 1221－1248.

③ Dynan K E, Skinner J, Zeldes S P. "Do the Rich Save More?", *Journal of Political Economy*, vol. 112(2), 2004, pp. 397－444.

④ Verhelst B, Poel D. "Deep habits in consumption: a spatial panel analysis using scanner data", *Empirical Economics*, vol. 47(10), 2014, pp. 236－289.

性概念,认为消费偏好在一定时期内存在惯性等①②③。此外,心理账户、时间偏好不一致等思想逐渐发展并扩充到传统消费理论的分析框架中,进一步拓展了不确定消费理论的研究体系。

消费是本书的最终落脚点,不确定条件下的消费理论及其扩展的理论分析框架也是研究家庭消费决策和消费升级的重要理论依据。家庭在预防性储蓄和流动性约束条件下的金融资产配置选择及其对消费升级的影响效应,是我们现阶段讨论家庭投资和消费决策的重要内容,也是本书的研究基础和进一步探讨的重要切入点。

二、资产组合理论

家庭资产配置一直是家庭财富积累的重要影响因素,相关的经济理论研究从最初单一的货币资产理论逐步发展到资产组合理论、风险收益理论,以及后来在行为经济学框架下综合考虑多种资产组合配置的的资产定价模型。

1. 货币资产理论

早期对于家庭资产的研究成果是希克斯的货币资产理论,认为家庭持有的货币资产的数量主要受三个因素的影响:未来的预期支付日期、货币资产的持有成本和资产投资的预期收益。④ 弗里德曼认为,货币资产具有其他资产的一般共性,同时还可以给资产持有者提供流动性支持,货币资产的持有成本即为

---

① Deaton A. *Life - Cycle Models of Consumption: Is the Evidence Consistent with the Theory?*, Bewley T F. *Advavces in Economics: Fifth World Congress*, Cambridge: Cambridge University Press, 1987.

② Dynan K E. "Habit Formation in Consumer Preferences: Evidence from Panel Data", *American Economic Review*, vol. 90(06), 2000, pp. 391 - 406.

③ Carroll C D, Slacalek J, Sommer M. "International evidence on sticky consumption growth", *CFS Working Paper Series*, vol. 93(886), 2008, pp. 1135 - 1145.

④ Hicks J R. "Annual Survey of Economic Theory: The Theory of Monopoly", *Econometrica*, vol. 3(01), 1935, pp. 1 - 20.

其他非货币资产的持有收益。[①] 此后,一些学者开始关注货币资产和家庭财富关系的研究,布伦纳、梅尔泽提出了基于货币需求的"财富调整理论",指出影响家庭货币需求的是包含各类资产的财富总额,而不仅仅是早期货币数量论和凯恩斯学派提出的收入。[②]

值得注意的是,货币学派和凯恩斯学派关于货币资产的微观选择理论都是基于研究宏观货币需求理论而进行微观辅助分析得到的。因此,这些研究并没有针对货币资产以外的其他金融资产展开更为充分的微观视角的研究,对于家庭配置股票、基金、债券、保险等各类其他金融资产的影响因素也没有进行深入而完整的分析。除了持有金融资产的收益差别导致的机会成本之外,家庭配置各类金融资产的风险成本、流动性等各种其他属性也存在较大的差异,这需要跳出资产的基本职能,以更为宽泛的研究视角探讨家庭的金融资产配置行为。

2. 金融资产风险收益理论

在20世纪中期以后,金融市场逐步发展和成熟,各类金融产品的出现和快速迭代使家庭金融资产的选择不再局限于货币资产,并且家庭持有金融资产的成本也不再基于持有非金融资产的机会成本,而是需要进行各类资产风险收益的综合比较和衡量才能确定。因此,更多的学者开始研究家庭金融资产配置的风险收益特征,并考察其对资产配置其他相关属性的影响效果。

马科维茨通过对"资产选择"(Portfolio Selection)进行微观研究,开创了现代资产组合理论的先河,将资产选择的风险以方差(或标准差)的形式表示,通过比较资产配置的风险期望收益来分析资产选择与组合问题,形成了一套完整的均值——方差分析框架[③]。此后,马科维茨进一步改进了之前采用的分析方法,将收益分析法替换为效用分析法,在此基础上提出将"预期效用(E) - 效用

---

① Friedman M. *A Theory of the Consumption*, Princeton:Princeton University Press, 1957:673 - 798.

② Brunner K, Meitzer A H. "Some Further Investigations of Demand and Supply Functions for Money", *Journal of Finance*, vol. 19(02), 1964, pp. 240 - 283.

③ Markowitz. "Portfolio Selection", *The Journal of Finance*, vol. 7(01), 1952, pp. 77 - 91.

的方差(V)"作为资产配置与组合的主要标准。[①] 与此同时,托宾依据资产选择之间的相互影响程度,以相互独立、正相关、负相关三种类型区分资产之间的关系,提出了"两基金分离定理"[②]。此后,夏普、林特纳以及莫辛等学者在 ADM 一般均衡模型的基础上进一步扩展,提出了资本资产定价模型(CAMP),通过对资产配置风险的估计与度量,将风险定价引入资产的期望收益,更好地解释了风险收益的相互关系。之后,莫顿、卢卡斯以及布雷登等人将消费增长率加入到一般均衡模型中,采用消费增长率与资产收益率的协方差来描述资产风险,提出了消费资本资产定价模型(CCAPM),这是现代资产定价理论的一次重大研究突破,该模型证明了资产配置收益的系统性风险可通过消费增长率的风险描述来进行解释。

3. 家庭资产理论模型的拓展

基于已有的资产组合选择理论,市场投资者应该可以无差别地参与市场中存在的所有产品和项目。但是现实结果并非如此,家庭资产配置的组合形式具有显著的异质性表现特征,市场存在明显的"有限参与"[③]现象。随着金融市场存在的各种"无法解释"的现象不断积累增加[④],这些与传统分析范式相背离的现象使一些学者开始尝试在现有资产配置与组合理论的研究框架下进行相关模型解释的进一步扩展,具体而言,主要体现在以下几个方面。

第一,建立行为金融学的理论解释框架。一些学者通过对特弗斯基、卡内

---

① Markowitz. *Portfolio Selection: Efficient Diversification of Investments*, New York: John Wiley & Sons, 1959:137 - 291.

② Tobin J. "Liquidity Preferrence as Behavieor toward Risk", *Review of Economic Studies*, vol. 25(02), 1958, pp. 65 - 86.

③ "有限参与"是指尽管存在着较高的股权溢价,但实证研究却发现大多数家庭并没有参与股市;而且对于那些已经参与股市的投资者而言,理论上的最优风险资产持有份额却远远高于实际的数据。曼丘和塞尔斯扎迪、海里亚索和贝尔托、维辛·乔根、李涛以及吴卫星和齐天翔等国内外学者对这一问题进行了研究。

④ 如 CCAPM 对"股票溢价之谜"(梅赫拉、普莱斯考特,1985)和"无风险利率之谜"(Wei,1989)无法解释。

曼和席勒的行为金融学理论[①][②]进行研究和思考，提出了行为资产定价模型（BAPM），将家庭资产配置的行为决策和心理特征引入到投资决策的影响中，进而逐步取代了现实解释力不足的资本资产定价模型（CAPM），成为现代金融资产组合理论对家庭金融活动和市场决策进行解释的新的理论依据。

第二，非流动性资产对家庭资产选择行为的影响。家庭住房资产早期是作为和其他金融资产相似的另外一种风险资产被引入到资产选择模型中的。但是，家庭住房资产与金融资产有所不同，它除了具有和其他资产相同的投资属性之外，还具有一般消费品的消费属性。住房资产既可以作为消费品进行居住使用，也可以作为投资品出租或买卖，这使得在加入住房资产后，家庭资产选择模型会比只考虑金融资产更加复杂。此外，还有一部分研究考虑到某些家庭可能会持有私营企业的固定资产，将这类资产也加入到了家庭资产选择模型。

家庭金融资产配置是本书的重要研究视角和研究创新点，金融资产配置在家庭消费和互联网使用之间发挥着重要的资产渠道作用。随着互联网使用的普及，家庭对流动性资产和非流动性资产的选择，以及不同流动性资产的配置结构对家庭消费的影响效应，成为研究家庭消费升级的重点。因此，家庭资产组合的相关理论为本书提供了重要的基础理论框架。

三、互联网经济理论

互联网的快速普及和应用改变了已有的经济运行基本模式，“互联网经济”（Internet Economy）这一概念最早由约翰提出，是指在信息化程度不断提高的基础上，各种类型的经济主体通过互联网平台的应用进行更为高效的信息传递、生产生活以及资源配置，进而形成被社会广泛接受的生产、消费和社会运作模式，并由此产生新的经济形态。[③] 在互联网经济时代，传统的资源稀缺性，边际

---

① Tversky A, Kabneman D. “ Availability: A Heurtstic for Judging Frequency and Probability”, *Cognitive Psychology*, vol. 5(02), 1973, pp. 207 – 232.

② Shiller R. “The Use of Volatility Measures in Assessing Market Efficiency”, *The Journal of Finance*, vol. 36(02), 1981, pp. 291 – 304.

③ John F. *Internet Economy: The Coming of Digital Business Era*, New York: McGraw – Hill Companies, 1990: 36 – 59.

收益递减,以及规模经济等基本原理有可能无法解释一些新出现的经济现象,互联网经济理论从多个角度对传统经济原理提出了新的挑战。

1. 信息价值理论

起源于20世纪60年代的信息经济学对于信息价值问题已有一定研究,信息经济学以信息不对称为起点,形成了包括信息搜寻与价格离散理论、委托-代理与激励机制理论、逆向选择与信号传递等众多关系的复杂理论体系。① 信息价值学说也是在传统经济学的价值概念框架中展开的,信息的价值应当是获取信息前后的最大效用之差,并且信息的价值可以用购买行为中买主预期成本的减少额来表示。

随着互联网经济的发展,信息价值理论逐渐为人们所接受,并引发了一些深层思考。互联网经济理论中的信息有效利用,实际上是一种新的财富观,更多的人称之为信息价值论。② 基于博弈论方法和现代金融的观点,信息不只是财富的一种隐性表现,更是财富创造的关键要素,信息可作为公共资源要素投入到财富创造过程中,信息与劳动力、资本以及技术要素的结合形成了新的财富增长模式,而人们要使信息转化成财富积累,不仅需要获取有效信息,还要综合运用自己的专业技能,对信息进行鉴别吸收和思维逻辑的加工处理,实现信息向生产要素的转变。③

2. 梅特卡夫定律

梅特卡夫定律是由计算机网络先驱者、3com公司的创始人罗伯特·梅特科夫提出的,与摩卡定律、颠覆定律并称为互联网三大定律。定律的主要观点是网络的价值与网络节点数、用户数密切相关,二者呈指数关系,即网络的价值

---

① 张永林:《互联网、信息元与屏幕化市场——现代网络经济理论模型和应用》,载《经济研究》2016年第9期。

② Angeletos G, Pavav A. "Efficient Use of Information and Social Value of Information", *Economitrca*, vol. 75(04),2007,pp. 1103-1142.

③ Satterthwaite M, Shneyerov A. "Dynamic Matching, Two-Sided Incomplete Information, and Participation Costs: Existence and Convergence to Perfect Competition", *Econometrica*, vol. 75(01),2007,pp. 155-200.

会随网络节点数与用户数量平方的增加而增加，表达式为：

$$V = K \times N^2 \tag{3.5}$$

其中，K 代表价值系数，N 代表用户数量。

梅特卡夫定律隐含的含义是网络具有正外部性效果，即网络并不会像其他一般经济财产一样因使用者数量增多而变少，相反它会因使用者数量的增加而实现价值的增长。这表示，互联网金融业务存在的潜能是巨大的，它会因联网节点与用户数量的增加而实现价值的极快增值。

3. 长尾理论

"长尾"概念最早由《连线》主编安德森于2004年提出，该理论认为，由于互联网经济具有存储成本与信息成本低下、消费者数量众多等特征，互联网应用情况下的产品生产企业可以利用较低的成本拓展广阔的利基(Niche)市场，其形成的市场份额可能还会超过原来主流商品的市场份额，即互联网经营模式呈现出服务长尾市场并可获得收益的特征。① 长尾市场是与主流市场相对的一个概念，它主要指"二八定律"(百分之八十的利润由百分之二十的产品形成的主流市场获得)中产品占比百分之二十的主流市场之外，剩余百分之八十的异质化产品市场。(见图3.1)

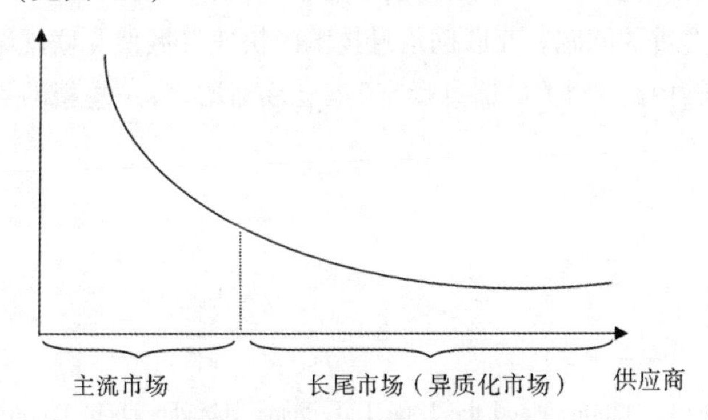

图3.1　长尾理论市场结构图

互联网对长尾理论的拓展和延伸改变了短缺经济学的原定假设，长尾理论在一定程度上是对"二八定律"的一种补充，同时解释了同一条需求曲线上出现

---

① Anderson. " The Long Tail: Why the Future of Business is Selling Less of More", *Hyperion*, vol. 24(03), 2006, pp. 274 - 276.

的短头和长尾现象[①],对应着经济学中关于丰饶和短缺相关解释的假设内容。

一方面,互联网技术的应用很好地解决了消费者的选择短缺问题,使供需交易超过了传统商业的既定边界,形成了具有足够体量的"交易可能集",扩大了长尾市场的动态交易规模[②];另一方面,互联网具有的低成本特征是长尾得以延伸的基础条件,这种无限复制和传播的规模效应显著降低了市场拓展的边际成本,改变了原有边际成本-效益的相互关系,并且可以利用节省下来的成本进一步吸引新的潜在客户群——具有互联网使用习惯、存在异质性消费需求、追求低成本和高效用的群体[③]。

4. 信息搜寻理论

早期的搜寻理论探讨的是搜寻行为产生的影响因素,斯蒂格勒指出广义的影响因素是信息不完全引发的"搜索前置";狭义的影响因素则是"价格离散",是交易双方在信息获取和应用上存在分布不平衡问题,导致相同地区、相同产品的价格存在较大的差异。[④] 价格离散程度受搜寻成本的影响较大,搜寻成本越低,价格竞争优势越强,价格离散程度越低,搜寻所能获得的收益就越小。

在互联网信息搜寻中,搜寻方式代替搜寻成本成为核心内容,并且传统的信息获取方式已由被动获取转变为主动搜索,有助于改善传统市场搜寻成本较高,信息扭曲严重的问题。互联网信息技术的快速发展使互联网渠道内的信息数量快速增长,由此产生的"信息噪声"也会逐渐增多,一些新的互联网技术为

---

① Dempsey L. "Libraries and the Long Tail: Some Thoughts about Libraries in a Network Age" (http://www.dlib.org/dlib/april06/dempsey/04dempsey.html), Lib Magazine, 12(04), 2006-04/2015-03-25.

② Xie P, Zou C W. "The Theory of Internet Finance", *China Economist*, vol. 8(02), 2013, pp. 18-26.

③ 克里斯·安德森:《长尾理论》,中信出版社2012年版,第78-102页。

④ Stigler G J. "The Economics of Information", *Journal of Political Economy*, vol. 69(03), 1961, pp. 213-225.

互联网使用者提供了"刻画需求"①和"推荐喜好"②等定制化的信息搜寻手段，显著降低了搜寻成本。与此同时，搜寻方式的改变和搜寻成本的降低，使拥有特殊需求的需求方和小规模生产的供给方能够通过互联网更快地建立起交易关系，有效解决了需求错配和产能过剩等问题。从家庭金融资产配置的角度来看，这一交易模式为未来互联网渠道的金融产品和服务实现"私人定制"和"个性化方案"提供了条件。③

5. 社会网络理论

1954年，社会学家巴恩斯通过对挪威某渔村进行社会关系研究，最早提出了"社会网络"理论，认为在正式关系之外，一些如朋友、亲属的非正式关系也会对社会的正常运转和平稳发展起到积极的作用。此后，格拉诺维茨的研究进一步将社会网络的定义扩大到特定的组织及个体之间存在的特殊而复杂的联系，而且这些联系和组织与个体的集合、结构、规模等，都会对社会资源的流动和分配产生影响。④

(1)弱关系社会网络理论

20世纪70年代，弱关系社会网络理论最早出现在格拉诺维茨的《弱关系的力量》一文中。他认为在社会网络中真正发挥引导和桥梁作用的是弱关系集合。他通过考察社会关系的强弱分析社会网络的内在结构特征，发现大部分个体、企业、组织只有极少的精力维持有限的强关系，但却可维持相对广泛的弱关系，个体之间以及社会网络中的局部关系通常也以弱关系为主。此外，从社会关系角度来看，弱关系集合内个体间的状态和行为表现也比强关系集合更有效，弱关系连接的优势主要体现在关系双方相对松散的、非情感约束的接触，这

---

① "刻画需求"是指客户对产品构成因素进行自由选择与组合，互联网产品信息集散平台根据其具体要求反馈信息。

② "推荐喜好"是指凭借大数据分析每一位客户对金融产品的喜好和接受金融服务的习惯，抛弃覆盖面大但成本高昂的渠道，使用狭小但定位准确的互联网渠道向客户推送针对性的内容。

③ 汪炜、郑扬扬：《互联网金融发展的经济学理论基础》，载《经济问题探索》2015年第6期。

④ Granovette M. "The Strength of Weak Ties: A Network Theory Revisited", *Sociological Theory*, vol. 1(06), 1985, pp. 201-233.

在一定程度上增加了关系连接的广泛性和多样性，拓展了获取信息资源的方式和渠道。[①]

（2）结构洞理论

1992年，美国社会学家伯特将社会网络理论引入经济学的研究框架，提出了结构洞理论。该理论不再局限于社会学的研究逻辑，而是利用有更明确计量方法的经济学逻辑研究复杂的社会关系。该理论认为，参与市场博弈的个体都存在三种特定的资本：经济资本、社会资本和人力资本。通过分析生产函数的计算结果，最终利润应等于资本投入和收益率的乘积。其中，资本投入由经济资本和人力资本决定，而收益率则由社会资本决定。已有的分析都更加偏重于对经济资本和人力资本的讨论，却忽略了社会资本的潜在影响，实际上，社会资本也会对竞争成败产生重要影响。微观个体的社会资本取决于其社会网络结构形成的社会关系，可通过同质性和异质性衡量这些社会关系。其中，异质性较为明显的社会关系对个体社会资本的累积具有促进作用，同质性较高的社会关系则不能促进个体社会资本的累积。[②]

在既定的社会网络中，并不是所有参与者都存在直接的关联，即便存在某种联系也可能是松散而低效的。如果社会网络中某些个体相互间产生了直接联系，但与其他个体并未发生直接的联系甚至没有联系的现象，那么从网络关系的整体看好像是网络结构中出现了洞穴。[③] 如图3.2所示，A与B、A与C之间有直接联系，但B和C之间并没有直接联系。也就是说，和A均存在直接联系的B和C之间并没有产生直接联系，因此，在B和C之间就出现了一个结构上的空洞。A可以利用B和C之间只能通过A产生联系的现实条件在信息和资源方面占据优势。

---

① Granovetter M. "Economic Action and Social Structure: The Problem of Embeddedness", *American Journal of Sociology*, vol. 91(03), 1985, pp. 481 – 510.

② Burt R S. *Structure Holes: The Social Structure of Competition*, Cambridge: Harvard University Press, 1992, pp. 95 – 143.

③ Burt R S. "Structural Holes: The Social Structure of Competition", *Economic Journal*, vol. 40(02), 1994, pp. 89 – 123.

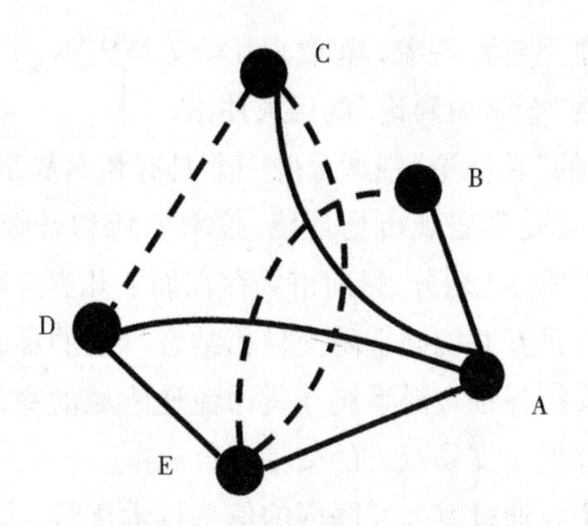

图 3.2　开放式"结构洞"网络

互联网使用的介入,在很大程度上进一步强化了社会网络中社会弱关系和结构洞的经济效应。其一,在大量的基于互联网的弱社会关系上,家庭个体有机会获取更大的信息交换与信息利用的空间,有助于优化家庭资源的有效配置,降低家庭投融资与消费决策的信息成本;其二,互联网平台或者互联网使用程度较高的个体,在社会网络中往往能够较大限度限地缩减自身的信息空洞范围,并获取信息"结构洞"的比较优势,更好地提升信息转化的效率。

互联网经济理论是现代技术创新与经济理论研究的有效结合。对于本书而言,互联网经济理论是对于传统信息经济学和社会学理论的重要补充,很好地弥补了传统学说对现实经济现象解释乏力的缺陷。一方面,信息价值理论和梅特卡夫定律从信息应用价值和规模报酬递增的角度,解释了互联网使用对促使信息要素作为公共资源投入生产的重要作用;同时,互联网使用下的信息价值也有助于"长尾经济"中异质化市场的开拓,是本书考察互联网使用影响家庭金融资产配置和消费升级的重要理论依据。另一方面,信息搜寻理论和社会网络理论解释了信息供需和信息传导的动态过程,为互联网使用条件下信息要素作用的发挥提供了理论支撑,也为本书探讨互联网使用对家庭金融资产配置的影响渠道及其对家庭市场参与有效性的影响提供了重要的理论依据。

四、金融中介理论

金融中介理论(Financial Intermediary Theory)主要分为基于信息经济学的不对称信息论和基于交易成本经济学的交易成本论两大流派。由于互联网使用的普及减少了信息不对称现象，降低了市场交易成本，金融中介理论一度在学术界和实务界遭遇“金融脱媒论”的巨大冲击。

默顿、博迪提出的“功能论”强调金融中介具有相对稳定的功能，但其形式、结构并不是确定的，会受到宏观市场环境、技术创新和升级以及市场竞争等多种因素的影响。① 根据功能划分，目前市场存在如下几类互联网金融中介形式：

1. 支付中介。这是互联网与金融交易相结合产生的最为成熟的中介功能，通过互联网的技术支持保证金融系统在货币流通领域的高效运行，互联网介入后的支付效率显著降低了交易双方的交易支付成本。

2. 信息中介。主要通过发挥互联网的信息技术优势，实现信息生产和平衡信息供求关系的功能，其金融领域的中介服务主要包括互联网投资与信息咨询两类业务。前者包括市场交易信息服务平台、投融资管理服务平台等；后者包括信息的挖掘与汇总，并从海量信息中“消除噪声”“过滤杂质”，为企业或个人提供有效信息，降低信息错漏造成决策失误的概率。

3. 信用中介。主要指基于信用基础的互联网融资借贷平台，其不同程度地涉及互联网渠道的借贷关系，并且对供需双方的信用管理，资金融通、分配以及相关风险管理承担一定的责任。

继“功能论”之后，艾伦、桑梅罗提出了“参与成本论”，该理论强调金融中介减少交易摩擦的作用正逐步弱化，转而在风险转移、参与成本控制方面发挥了更为明显的作用。② 斯科尔滕斯、维尔纳在此基础上进一步提出了“价值论”，指出金融中介作为相对独立的市场主体，最主要的作用是为市场参与者提供产品和服务的增加值，降低市场参与成本只是其主要作用的伴随效应。近年来，传统金融中介开始创新和改进功能，从单纯的“代理人”角色转变为市场参与和提供服务的实践者和创新者，互联网技术的普及加速了这一发展进程。以互联网为载体的金融服务逐步覆盖到大部分家庭的金融需求，极大地提高了金融市场的运行效率，市场参与的供需双方从互联网与金融的融合中获得了更多

---

① Merton R C, Bodie Z. “Deposit Insurance Reform: A Functional Approach”, *Carnegie-Rochester Conference Series on Public Policy*, vol. 38(01), 1993, pp. 1-34.

② Allen F, Santomero A. “The Theory of Financial Intermediation”, *Social Science Electronic Publishing*, vol. 97(12), 1996, pp. 1461-1485.

的产品和服务附加值。[①]

在互联网经济的发展过程中，互联网使用与金融要素的结合成为经济发展的重要创新性动力，也成为微观家庭主体参与金融市场、优化投资与消费结构的重要选择。金融中介理论在互联网使用提升家庭金融可及性，促进家庭金融市场参与方面提供了有力的理论解释，也为本书探讨家庭金融资产配置的优化路径提供了理论支撑。

第二节　资产流动性、配置结构对家庭消费的影响机理

根据不确定条件下的预防储蓄理论、流动性约束理论和缓冲存货理论不难发现，除了家庭收入的流量因素以外，家庭消费还会受到资产配置因素的调节影响。结合家庭资产配置组合理论中关于资产性质和资产结构的论述，家庭消费结构和消费内容与金融资产配置存在重要的内在关系。

一、资产性质与家庭消费的关系

早期消费理论对家庭资产的衡量标准是收入减去消费后的"广义储蓄"指标。这种方法仅提供了基本的总量衡量结果，忽略了家庭资产结构之间的性质差异。而在实际中，家庭不同资产的风险 - 收益属性、流动性属性等方面均存在明显的差异。尤其是随着金融市场和房地产市场的快速发展，除了基本的储蓄资产以外，家庭的投资渠道和投资品种日益增多，除了股票、基金、债券等流动性较高的资产之外，住房资产等流动性较低的资产也被纳入家庭资产的范畴。研究者对家庭资产性质、配置结构与家庭消费决策之间的相互关系做了比较多的分析，结果显示在不同的资产配置结构下，家庭资产在流动性、风险与收益结构等方面存在着显著的差异，并且这些差异与资产配置对消费的平滑能力密切相关。

---

① Scholtens B, Wensveen D V. "A Critique on the Theory of Financial Intermediation", *Journal of Banking & Finance*, vol. 24(08), 2000, pp. 1243 - 1251.

一方面,资产流动性及其变现成本对家庭在整个生命周期的消费平滑能力具有显著的影响。关于流动性约束的定义,扎尔迪斯认为当家庭个人消费存在支付压力,向金融机构或者其他融资市场进行借贷以平滑消费时,如果由于各种原因不能得到足够的信贷支持,即为受到流动性约束。① 很多学者在此基础上进一步探讨了流动性约束对家庭资产配置和消费选择的影响,大部分研究结果都显示家庭存在或预期存在流动性约束时,会倾向于提高储蓄率,并减少当期消费。

1. 住房资产作为低流动性资产的重要组成部分,在中国大多数家庭的资产配置中承担着最基本的消费属性,这类家庭一般通过购置或者租赁来满足住房需求。随着房地产市场的发展,拥有多套房的家庭的部分住房资产则在一定程度上实现了资产的投资属性,住房资产的这一特殊性质也在很大程度上影响着家庭的生活质量和消费决策。首先,为了避免租房带来的不确定性,没有住房资产的租房家庭一般很少大幅变动房屋租赁支出;其次,拥有一套住房的家庭通常也较难改变住房资产的消费属性,同样缺乏将住房资产变现并转化成其他消费的动力;最后,拥有多套房的家庭的住房资产投资的财富效应主要通过房租收入和住房资产出售两种方式来实现,但是中国家庭存在的普遍问题是,房租收益长期与持有住房资产的成本倒挂,房租收益的财富效应并不明显,而住房资产相对较长的交易周期和较高的变现成本又提升了住房资产财富效应向消费即期转化的难度。

2. 高流动性金融资产是家庭金融资产中流动性相对较高的部分,随着金融市场发展日趋成熟,其投资方式和持有形式变得更加多样化,家庭持有高流动性资产的份额更能准确地反映家庭面临流动性约束时平滑消费的能力。② 但是,高流动性金融资产的持有在异质性家庭中呈现不同的特征。对于拥有多套房的富裕家庭而言,高流动性金融资产的持有份额会受到家庭较高比重住房资产的挤出,导致家庭仍然面临着流动性约束;无房的贫困家庭由于没有住房资产,受未来购房压力的影响,家庭持有的高流动性金融资产更可能被用于预防

---

① Zeldes S P. "Consumption and Liquidity Constraints: An Empirical Investigation", *Journal of Political Economy*, vol. 97(02),1989,pp. 305 - 346.

② Kaplan G G, Weidner J. "The Wealthy Hand - to - Mouth", *Brookings Papers on Economic Activity*, vol. 45(01),2014,pp. 77 - 153.

性储蓄,流动性资产向家庭消费的转化也会受到制约;而持有一套住房的家庭,住房资产承担的消费属性更为明显,在没有住房资产投资预期的情况下,高流动性金融资产较低的变现成本为提高家庭消费提供了可能的流动性支持。因此,家庭高流动性金融资产虽然具有较强的流动性,但其财富效应的发挥以及资产流动性向家庭消费的转化会有明显的家庭异质性特征,尤其会受到家庭"心理账户"和其他资产配置结构的影响。

3. 低流动性金融资产是家庭为应对未来不确定预期所持有的具有一定周期的预防性储蓄资产。从流动性来看,家庭低流动性金融资产多为定期存款和周期相对较长的定投金融产品,基于谨慎预防的需要,家庭一般较少变现此类资产用于日常消费。但是,当家庭面临的资产结构与风险 - 收益状况比较乐观,或者存在更好的投资渠道和资产替代产品时,家庭可能会转移到期的低流动性金融资产或降低部分新增低流动性金融资产的比重,从而释放一部分资产流动性。由于低流动性金融资产的减少通常出于家庭对未来不确定预期的改善和对家庭整体资产结构的乐观预期,因此缩减低流动性金融资产获得的流动性对家庭消费的提升会起到刺激作用。

另一方面,家庭金融资产配置的风险与收益结构存在较大差异,间接影响到家庭消费水平的提升。金融资产的风险和收益特征关系到家庭最终的消费决策,当前中国家庭的资本市场参与度较低,低风险的低流动性家庭金融资产配置比重较高,高风险的金融风险资产的配置比重则相对较低。产生这一差异的主要原因有三:一是中国家庭长期以来的风险偏好和对未来偏保守的谨慎预期尚未改变,利用金融信贷进行跨期消费的习惯还没有形成;二是金融市场的发展尚不完善,夏普比率(Sharpe Ratio)偏低①,家庭参与金融市场,进行金融资产交易的成本较高;三是家庭投资存在信息不对称和信息不完全的问题,金融资产配置决策缺乏及时有效的信息供给,家庭投资渠道单一和产品认知匮乏,使得家庭进行金融资产结构调整的风险和成本显著增加。

---

① 夏普比率代表投资人每多承担一分风险,可以拿到几分超额报酬。若大于1,代表基金报酬率高过波动风险;若为小于1,代表基金操作风险大过于报酬率。这样一来,每个投资组合都可以计算夏普比率,即投资回报与承担风险的比例,这个比例越高,投资组合越佳。

二、金融资产配置与家庭消费:基于资产流动性的理论模型

根据资产的不同性质、配置结构以及相关消费理论的描述,金融资产配置可通过流动效应、财富效应等影响家庭消费,并且在家庭异质性的不同约束条件下,金融资产配置对消费的影响效应也会表现出一定的差异性。

1. 财富效应

财富效应是指家庭通过资产配置的方式(包括金融资产和住房资产等),以资产增值和定期收益等财富表现形式增加家庭的整体财富规模,进而促进家庭消费升级的过程。其中,储蓄类的金融资产可以为家庭带来相对稳定的利息收益,高流动性金融资产能为家庭带来股票分红、债券利息以及基金与股权买卖差价收益,这些资产配置的收益是家庭个体劳动薪酬之外的重要财富来源。家庭金融资产配置的最根本目的是降低家庭财富的持有成本,实现资产的稳定增值,最终改善家庭消费水平。

2. 流动效应

家庭消费水平提升和结构升级的重要前提是家庭拥有稳定的可供消费支出的现金流。金融投资与信贷资产作为一种能够即时变现的高流动性资产,是优化家庭资产配置的重要组成部分,不仅对提升家庭消费多样性以及促进家庭消费结构升级有着巨大作用,而且能够缓解家庭因收入波动而产生的流动性压力,为家庭在不同时期调整资产结构创造条件。萨缪尔森[①]和默顿[②]等人把家庭金融资产配置纳入生命周期理论,使金融资产配置和家庭消费在同一分析框架下有效结合,并通过固定家庭消费预算约束,构建了家庭消费的最优决策模型:

$$\max E\left| \sum_{t=0}^{T} \beta^{t} u(c_{t}) + \beta^{T+1} \nu(W_{t+1}) \right| \tag{3.6}$$

---

① Samuelson P A. "Lifetime Portfolio Selection by Dynamic Stochastic Programming", *Review of Economics and Statistics*, vol. 51(03), 1969, pp. 239 -46.

② Merton R C. "Optimum Consumption and Portfolio Rules in a Continuous - Time Model", *Journal of Economic Theory*, vol. 3(04), 1971, pp. 373 -413.

$$W_{t+1} = (W_t + Y_t - C_t)(1+R) - B_t R_b \ (t=0、1、2、3\cdots\cdots T),\ W_{t+1} \geqslant 0 \tag{3.7}$$

公式(3.6)中，c_t 表示家庭 t 期的消费，$u(c_t)$ 表示消费的效用函数，W_{t+1} 代表家庭 t+1 期的金融资产持有总额，$\nu(W_{t+1})$ 表示 t+1 期的金融资产持有效用函数，β^t 代表 t 期的效用系数。公式(3.7)中，Y_t 代表 t 期的家庭收入，R 代表金融资产收益率，$B_t R_b$ 代表家庭债务利息支出。公式(3.6)和公式(3.7)表明，家庭个体的最优消费决策活动可以通过金融资产配置来实现，例如家庭参与资本市场投资、提升高流动性金融资产配置比重或提高金融资产抵押信贷等。家庭金融资产配置中的高流动性金融资产不仅能够缓解家庭流动性约束，而且还可以使家庭获得一定的资产收益，帮助家庭解决当期消费支付能力不足的问题，即流动效应。

显而易见，虽然家庭收入作为家庭财富每期的动态流量保持着极高的流动性，对家庭消费水平有着最直接的作用，但是如果家庭收入水平出现波动，家庭又不能通过其他方式进行信贷消费或者即时将资产变现，家庭当期的消费水平和整个生命周期的消费平滑能力就都会因此受到抑制。所以，家庭资产的流动性对于平滑家庭的跨期消费至关重要。为了考察金融资产的流动性对家庭消费行为的影响，本节通过建立两期的跨期消费决策模型，将家庭金融资产分为高流动性金融资产和低流动性金融资产①，考察家庭金融资产配置在流动性约束条件下对当期消费和未来消费平滑的影响。

为了简化研究过程，本节的模型设计假设家庭金融资产配置和跨期消费过程只有两期，并且家庭不能通过借贷获取消费支付能力，也没有主观效用贴现率②，家庭消费的目标是实现消费路径的长期平滑稳定。期初($t=0$)家庭持有的高流动性金融资产 π 包括两部分：m_1 和 α 。m_1是被用于第 1 期($t=1$)家庭消费的初始高流动性金融资产，α 表示家庭主动进行的资产积累。此时假设 α

① 为了简化模型分析，这里只讨论金融资产配置的影响，不考虑家庭的其他资产配置。

② 借贷限额仅放松了预算约束，看作对高流动性资产的一种补充，降低了消费者面临流动性约束的资产临界值。贴现率主要影响两期消费相对价格和水平。二者均不改变家庭消费主体在 m_2 达到最低值时面临流动性约束的状况，不会对研究结论产生影响。因而，为了简化分析，本书假设家庭不能进行借贷，且不考虑其主观贴现率。

为具有高收益的低流动性金融资产[①]，短期内不能变现，可用于平滑未来第2期($t=2$)的消费水平。家庭在第1期($t=1$)取得收入y_1，消费支出为c_1，期末持有的高流动性金融资产余额为m_2($m_2 \geqslant 0$)。家庭在第2期($t=2$)将全部收入y_2和高流动性金融资产m_2、低流动性金融资产α全部用于消费c_2。整个生命周期总的效用可表示为$U=u(c_1)+u(c_2)+\nu(\alpha)$。其中，$u(c_1)$为第1期($t=1$)的消费支出效用，$\nu(\alpha)$代表家庭为平滑第2期($t=2$)的消费支出水平，在期初主动积累低流动性金融资产所形成的效用。在期初($t=0$)时，家庭的金融资产(m_1,α)配置问题可表示为：

$$\nu_0=\max_{m_1,\alpha} u(c_1)+u(c_2)+\nu(\alpha) \tag{3.8}$$

$$\begin{gathered} \alpha+m_1=\pi \\ c_1+m_2=y_1+m_1 \\ s.t.\ c_2=y_2+m_2+\alpha \\ m_1 \geqslant 0, \alpha \geqslant 0 \end{gathered} \tag{3.9}$$

本节为了进一步简化分析内容，用金融资产收益率R替代$\nu(\alpha)$进入家庭消费的跨期约束。也就是说，令家庭主动资产积累所形成的效用与第2期($t=2$)消费变化到c'_2产生的效用相等，即$\nu(\alpha)=u(c'_2)-u(c_2)$。根据以上假设，在期初($t=0$)时，家庭的金融资产($m_1,\alpha$)配置问题转化为：

$$\nu_0=\max_{m_1,\alpha} u(c_1)+u(c'_2) \tag{3.10}$$

$$\begin{gathered} \alpha+m_1=\pi \\ s.t.\ c_1+m_2=y_1+m_1 \\ c'_2=y_2+m_2+R_a \end{gathered} \tag{3.11}$$

其中，$m_1 \geqslant 0, \alpha \geqslant 0$。

根据跨期消费的预算约束和总体效用表达式可以得到：

$$u'(c_1)\left[1+\frac{\partial m_2}{\partial \alpha}\right] \geqslant u'(c'_2)\left[R+\frac{\partial m_2}{\partial \alpha}\right] \tag{3.12}$$

其中，$\frac{\partial m_2}{\partial \alpha}$代表家庭主动进行低流动性金融资产积累对第1期($t=1$)高流

---

① 这里假定的高收益是指相对于同类的短期金融资产，这类低流动性金融资产具有更长期限结构的平均收益率。

动性金融资产m_2的影响。用于第1期($t=1$)消费的高流动性金融资产m_1在这一期被确定,满足$m_1=\pi-\alpha$。因此,在$t=1$时:

$$\nu_1=\max_{c_1,m_2} u(c_1)+u(c'_2) \tag{3.13}$$

$$c_1+m_2=y_1+\pi-\alpha$$

$$s.t.\ c'_2=y_2+m_2+R_a \tag{3.14}$$

$$m_1\geqslant 0$$

根据跨期消费的预算约束和总体效用函数的表达式可以得到:

$$u'(c_1)\geqslant u'(c'_2) \tag{3.15}$$

公式(3.15)可作为家庭在第1期($t=1$)进行消费决策的短期欧拉方程,也就是当家庭短期内积累的低流动性金融资产不能及时变现时,家庭只能依靠持有的高流动性金融资产平滑消费m_1,实现效用水平最优化。从长期角度来看,家庭主动积累的低流动性金融资产可以在远期变现,由公式(3.12)和公式(3.15)可以得到长期的欧拉方程:

$$u'(c_1)\geqslant R\,u'(c'_2) \tag{3.16}$$

到这里,本节根据方程结果可以得到下面的结论:

首先,高流动性金融资产m_2的配置结果体现了家庭能否实现跨期消费的最优。当$m_2>0$时,$u'(c_1)=u'(c'_2)$,家庭能够实现跨期消费的最优化;而当$m_2=0$时,$u'(c_1)>u'(c'_2)$,即期收入y_1和高流动性金融资产m_1不能满足跨期消费水平的最优,此时家庭更愿意通过提高$t=1$期的消费水平来提升家庭的总体效用。

其次,家庭主动进行低流动性金融资产的积累短期内会提高家庭受流动性约束的影响程度。对短期欧拉方程(3.15)进行进一步推导,可以得到家庭高流动性金融资产的配置水平$m_2=\max\left\{0,\dfrac{y_1+\pi-y_2-(1+R)\alpha}{2}\right\}$,当$y_1+\pi-y_2-(1+R)\alpha\leqslant 0$时,$m_2=0$,则家庭会受到流动性约束的影响,由于家庭真实持有的高流动性金融资产为π,家庭存在积累低流动性金融资产的动机($\alpha\geqslant 0$),会使家庭受流动性约束的影响程度提升。也就是说,家庭增加低流动性金融资产配置的行为在短期内会对家庭高流动性金融资产的配置水平产生挤出作用。从长期欧拉方程(3.16)式中可以看出,当效用函数满足条件$u(c_t)=\ln(c_t)$时,家庭低流动性金融资产的配置水平$\alpha=\max\left\{0,\dfrac{R(y_1+\pi)-y_2}{2p}\right\}$,即当$R>y_2/$

$(y_1+\pi)$时,家庭会更倾向于选择平滑未来消费的资产配置方式。

最后,模型结果也表明,家庭资产配置存在资产流动性与收益性的比较和权衡。一方面,本节模型设计将 α 看作是具有较高收益的低流动性金融资产,在短期内不能变现或者变现成本较高,并且对家庭的高流动性金融资产形成了挤出作用,这使得家庭的当期消费决策面临较强的流动性约束,家庭当期消费水平会被显著抑制。另一方面,如果低流动性金融资产高收益的假设在长期内是稳定存在的,那么在长期稳定收益的驱动下,家庭可能会缩减当期的消费水平,选择配置低流动性金融资产,平滑未来消费。

第三节 互联网使用与家庭消费升级:金融资产配置的中介影响

本节主要依据本章第一节分析的基础理论,从互联网使用影响家庭消费的直接效应和间接效应出发,构建互联网使用影响家庭消费升级的理论模型。现有文献的作者在研究互联网使用对家庭消费总量与结构的影响时,主要关注的是互联网使用的直接影响效应①,而研究家庭互联网使用通过金融资产配置间接影响消费的则相对较少。基于此,本节将加入金融资产配置的影响因素,建立互联网使用和家庭消费的理论模型。

一、互联网使用对家庭消费的影响效应

对传统消费理论的研究是建立在家庭具有完全信息的假设条件下的,而实际情况是家庭消费行为中信息不完全和信息不对称的情况普遍存在,这导致家庭个体并不能完全掌握消费品价格的全部信息。这种情况下,家庭消费的同质产品和服务在不同的生产和出售地区,可能存在较大的价格差异,不同质的产品和服务也可能与其已有的价格不相匹配。搜寻理论主要就是研究在信息不对称的条件下,消费者在面对市场中同质商品的不同价格时,为了寻找最低价

---

① 黄卫东、岳中刚:《信息技术应用、包容性创新与消费增长》,载《中国软科学》2016年第5期。

格所进行的搜寻行为过程,而决定消费者搜寻次数的关键因素是搜寻的边际收益和边际成本。

依据斯蒂格勒提出的固定样本模型[1],家庭消费的搜寻行为是通过信息搜寻的方式寻找消费品的最低价格,该价格应该满足搜寻成本和消费品价格之和最小化的条件,该模型的表达式如下:

$$M_n + nc = \int_0^{\infty} [1 - F(P)]^n \mathrm{d}p + nc \tag{3.17}$$

其中,M_n为最低价格的预期值,n 为搜寻次数,c 为边际搜寻成本,P 为消费品的实际搜寻价格。这里定义G_n为第 n 次搜寻比第 $n-1$ 次搜寻预期的最低价格减少的部分,$n \geqslant 2$,那么:

$$G_n = M_{n-1} - M_n = \int_0^{\infty} [1 - F(P)]^{n-1} \mathrm{d}p - \int_0^{\infty} [1 - F(P)]^n \mathrm{d}p \tag{3.18}$$

从上式可知, G_n 为边际搜寻收益, $G_n > 0$, G_n 是 n 的减函数,即 $\lim\limits_{n \to \infty} G_n = 0$,最优搜寻次数 n 满足的条件是 $G_n \geqslant c > G_{n+1}$ 。换言之,家庭进行搜寻时,当再多搜寻一次所产生的边际收益小于边际搜寻成本时,即表示此时的搜寻次数已经达到了最优,搜寻行为可以停止。

通过该模型可以得到以下推论:当搜寻的边际收益一定,而搜寻成本不一定时,家庭消费进行搜寻的次数取决于搜寻成本与价格离散程度的函数,如果搜寻成本提升,家庭搜寻次数则会随之减少,如图 3.3 中的 S_3 到 S_2 ;而在搜寻成本一定,搜寻边际收益不一定的情况下,价格离散程度较高时,家庭搜寻的边际收益会增高,搜寻次数就会随之增多,如图 3.3 中的 S_1 到 S_2 。

---

① Stigler G J. "The Economics of Information", *Journal of Political Economy*, vol. 69(03), 1961, pp. 213 - 225.

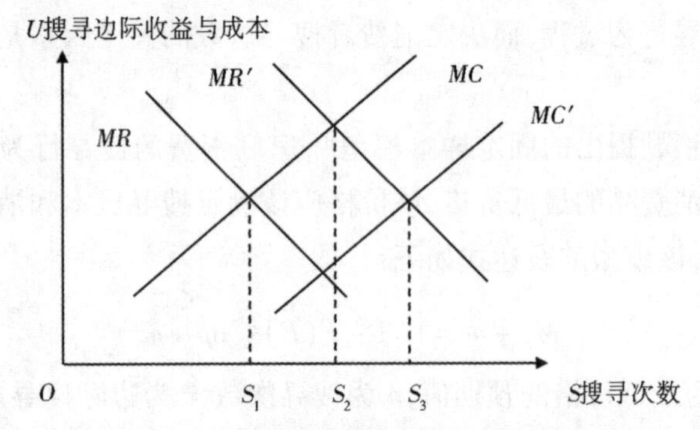

图 3.3 价格离散程度对搜寻次数的影响

线下信息获取行为需要较高的经济和时间成本。互联网作为信息中介为家庭消费和投资的搜寻行为提供了更为高效的信息获取渠道。正如波特. 所言,与其他传统信息来源的媒介不同,互联网的广泛使用为家庭通过搜寻行为获取产品信息和最优价格提供了极大的便利。① 因此,基于信息搜寻的角度,从经济效益出发,有必要对家庭通过互联网进行信息搜寻的成本和收益进行重新评估。

在互联网使用环境下,家庭消费主体参与市场交易的商品价格离散度会逐步缩小。根据斯蒂格勒构建的理论模型,搜寻具有"发现价格"的功能,能够提高家庭个体消费品购买的边际收益,且搜寻次数与收益成正比。② 由于互联网搜寻的成本较低,同时互联网使用的边际收益下降速度相对缓慢,当商品存在一定的价格离散度时,家庭个体通过互联网进行交易的边际收益与边际成本存在正差值,进一步刺激了家庭个体的搜寻动机。③ 相对于线下搜寻而言,互联网搜寻总能以较低的搜寻成本获得低于市场平均价格的商品,并最终以更少的搜寻次数达到市场最低的均衡价格,实现消费者剩余的最大化。这种动态变化过程产生了互联网使用影响家庭消费的两种直接效应,即价格效应和市场范围效应。

1. 价格效应

"价格离差"是指同一时期同样的商品在不同的供给条件下存在的不同销

---

① Porter M E. "Strategy and the Internet", *Harvard Business Review*, vol. 03, 2001, pp. 63 – 78.

② Stigler G J. "The Economics of Information", *Journal of Political Economy*, vol. 69(03), 1961, pp. 213 – 225.

③ Tibor B. "A Search Cost Perspective on Formation and Duration of Trade", *Review of International Economics*, vol. 16(05), 2008, pp. 835 – 849.

售价格，作为市场信息不对称的一种表征，它是检验市场运行效率的重要指标，也是推动市场搜寻行为产生的重要原因。[①] 首先，根据斯蒂格勒构建的理论模型，互联网使用增加了家庭个体的信息搜寻需求。同质商品市场的价格离散程度与信息搜寻行为之间存在明显的正向关系，当市场出现价格离散时，家庭个体的搜寻行为能够获取更大的消费者剩余。其次，互联网使用提升了家庭个体的信息控制力。家庭个体通过信息搜寻获取大量信息的同时，进一步提升了对于信息的控制力，大大缩小了互联网企业利用品牌获得高额溢价的空间，导致互联网价格水平逐渐降低并趋同，减少了家庭个体因为价格信息不对称而蒙受的交易成本损失。最后，互联网使用降低了消费品供给成本。对于消费品供给企业来说，网上交易市场比传统的市场更容易进入，会促使大量的商品集中于互联网交易平台，市场供给的增多使得线上竞争比传统的线下市场竞争更加激烈，也会导致价格离散程度较小，这又进一步降低了家庭个体的搜寻次数，节约了搜寻成本。

根据交易成本理论，伴随互联网信息技术的融入、搜索引擎等工具的推广和使用，互联网主导的线上商品交易会逐步降低信息搜寻成本，提高市场效率，并缩小商品价格离散程度，直到形成社会剩余最大化条件下的均衡价格。班克斯基于家庭个体搜寻成本的降低及其对市场产出的影响，提出了差异化商品的信息搜寻模型。[②] 我们在模型中加入互联网对搜寻次数的影响因素，可以得到一个基本的均衡价格分布：

$$F(p) = 1 - \left(\frac{fn}{kp}\right)^{\frac{1}{k-1}} \tag{3.19}$$

公式（3.19）中，p 代表商品的均衡价格，f 代表效用损失成本，k 代表搜寻效率，搜寻效率越高，搜寻次数就越少，n 代表互联网可搜寻的商品供应企业总数。对公式（3.19）两边求偏导可以得到以下结果：

$$\frac{\partial \ln[1 - F(p)]}{\partial k} = -\frac{1}{(k-1)^{k}} - \frac{1}{(k-1)^{2}} \cdot \left(\ln\frac{fn}{pk}\right) \tag{3.20}$$

---

① Hopkins E. *The New Palgrave Dictionary of Economic*, New York: Palgrave Macmillan, 2008, pp. 3024 – 3029.

② Bakos J Y. "Reducing Buyer Search Costs: Implications for Electronic Marketplaces", *Management Science*, vol. 12, 1997, pp. 23 – 47.

由于公式(3.20)需要满足 $F(p) = 1 - \left(\frac{fn}{kp}\right)^{\frac{1}{k-1}} > 0$，因此可得均衡价格 P 的最小值表达式为：

$$P(k,f,n) = \frac{fn}{k} \tag{3.21}$$

假设家庭消费者为理性人，并且风险规避系数为 γ 的消费者 j 只购买其所能搜寻到的最低价格的单位商品。其效用函数为 CRRA 效用函数，并满足搜寻边际收益等于边际成本的约束条件，其公式如下：

$$U(x_j) = \frac{x_j^{1-\gamma} - 1}{1 - \gamma} \tag{3.22}$$

$$s.t.\ r'(k) = c'(k) \tag{3.23}$$

将均衡价格的分布函数代入公式(3.22)和公式(3.23)可得：

$$\max_{k,p_j} U(x_j) = \frac{\left[\frac{k}{n}(1 - F(p_j))^{k-1} \cdot p_j\right]^{1-\gamma} - 1}{1 - \gamma} \tag{3.24}$$

为了探究家庭加入互联网搜寻成本后的商品需求均衡价格与搜寻边际成本的关系，通过对消费者效用求极值，得到约束条件的求导结果为：

$$\frac{\partial(1 - F(p_j))}{\partial c_j(k)} = \frac{1}{\frac{\partial c_j(k)}{\partial(1 - F(p_j))}} =$$

$$\frac{1}{k - \gamma \cdot (\frac{p_j}{n}) \cdot (1 - F(p_i))^{(k-1)(1-\gamma)-1}[(2k - 1 - \gamma k + \gamma) + k(1-\gamma)(k-1)\ln(1 - F(p_j))]} \tag{3.25}$$

满足 $\ln(1 - F(p_j)) < -\frac{1}{k} - \frac{1}{(1-\gamma)(k-1)}$ 时，可得：

$$p_j = \frac{fn}{k} \geqslant c_j(k)^{1-\gamma} f^{1-\gamma} \tag{3.26}$$

如果令 $\gamma = \frac{1}{2}$，可得：

$$p_j = \sqrt{c_j(k) \cdot f} \tag{3.27}$$

如果 $e = c_j(k)$，则公式(3.27)得到了和班克斯关于搜寻成本条件下，商品市场均衡价格 $p^* = \sqrt{ef}$（p^*、e、f 表示均衡市场价格、搜寻成本、效用损失成本）一致的结果。互联网使用会进一步提升搜寻效率，降低搜寻成本，使家庭获得更低的市场均衡价格，刺激家庭消费水平提高。因此，从价格形成机制和社会福利最大化的角度来说，互联网使用的关键作用是能够最大限度地减小家庭个体的交易损失，为家庭消费创造摩擦更小的市场价格形成环境。

2. 市场范围效应

价格离散是市场供求关系的调节器，对调节市场功能和资源配置起到了关键作用。对于家庭个体而言，互联网使用的价格效应会使家庭获得更高的消费者剩余，刺激家庭消费水平提升；而对于消费品的供给企业而言，互联网使用会使企业的单一同质商品的供给者剩余减少，但是由互联网使用引起的资源配置优化和市场效率提升使企业有动力和意愿拓展更大的消费市场，创造更多的消费需求，从扩大的市场中获取更高利润。这也从另一个角度为家庭个体创造了商品选择的多样性，扩大了消费市场范围。

首先，互联网搜寻成本的降低，扩大了原有产品市场的空间范围。家庭个体通过互联网选择消费品，并不需要支付空间成本，空间上的真实距离只是会让家庭个体花费一部分等待的时间成本，而传统商品市场由于受到距离的极大限制，市场辐射范围往往局限在一定空间内。如图 3.4，某生产企业 W 所形成的空间辐射半径 d_2 要明显大于传统市场辐射半径 d_1，市场 1 和市场 2 的家庭能够以相对较低的交易成本获得 W 企业的商品；而在传统市场中，这些家庭可能无法获得有关 W 企业的信息，或者会因为交易成本较高而放弃对 W 企业商品的需求。

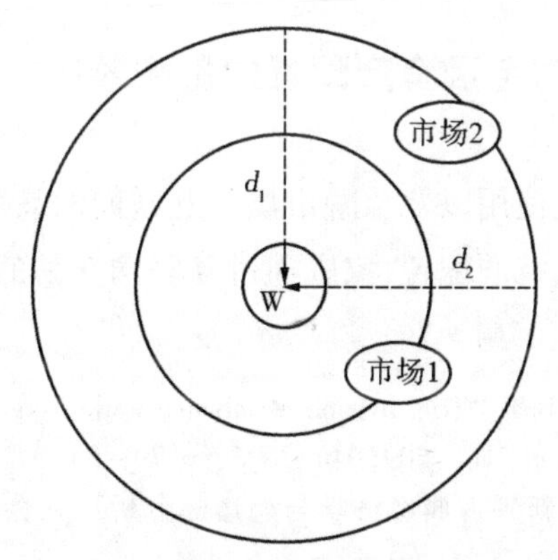

图 3.4　互联网交易型企业覆盖的网络市场与传统市场空间位置关系图

其次，互联网搜寻成本的降低，促使社会资源形成最优配置，有利于长尾市场的发展。在互联网环境下,消费品生产企业的市场竞争更加激烈,更加重视消费者的特殊需求,能够防止市场失灵。比如,互联网使用的普及使传统市场中存在供需匹配困难的长尾产品获得了快速发展,长尾市场的兴起也进一步扩大了消费者的选择空间。

最后,互联网搜寻成本的降低,有利于专业化分工,促进市场创新和拓展。一般而言,交易成本包括搜寻成本、谈判成本、履约成本和监管成本。互联网使用可以有效改善交易双方的信息不对称问题,减少交易的搜寻成本和谈判成本,在其他成本不变的条件下,最终实现整体交易成本的下降。[①] 根据新兴古典经济学的观点,市场交易效率的提升或者交易成本的降低均有助于社会分工的进一步深化,推动整个社会再生产的专业化和劳动效率的提高[②];基于"斯密-杨格"定理,专业化分工和市场效率的提升能够内生地促进新消费市场的形成,从而有助于扩大消费需求层次,扩展消费市场的范围[③]。

家庭消费水平和家庭的整体财富水平密切相关,而互联网的发展早已渗透到家庭财富创造的各个方面,尤其在家庭的资本市场参与和资产配置决策方面,互联网为家庭提供了更为广泛的投融资渠道和更多的资产选择机会。根据前文的分析,我们知道金融资产配置对家庭消费存在多重影响效应,随着互联网的不断普及,更多家庭通过互联网使用改善了家庭金融资产配置,进而影响家庭消费,在金融资产配置的传导路径上形成了互联网使用影响家庭消费的间接效应。

二、互联网使用对金融资产配置的影响效应

随着互联网的广泛使用以及金融市场与互联网的高度融合,家庭更多地通过互联网渠道进行金融资产配置,家庭通过互联网交易的金融资产总额不断提

---

① Borghans L, Weel B T. "The division of labour, worker organization, and technological change", *The Economic Journal*, vol. 509(04), 2006, pp. 79-93.

② 杨小凯、张永生:《新兴古典经济学与超边际分析》,社会科学文献出版社 2003 年版,第 90-94 页。

③ Young A A. "Increasing Returns and Economic Progress", *The Economic Journal*, vol. 152(03), 1928, pp. 101-124.

升,结构更趋多元化。一方面,随着大数据分析功能和互联网信用体系的完善,家庭通过互联网的使用极大地改善了投资过程中的信息不对称问题,大大提升了家庭个体对于市场的了解程度,改善了家庭对于资本市场的有限参与问题。另一方面,互联网技术的快速发展使家庭可以更多地通过互联网平台参与金融资产投资,获得区域范围更广的不同期限结构的投资产品,进一步拓宽时间和空间的跨度,扩大投资范围,有助于优化家庭的金融资产配置结构。图3.5是互联网使用对于家庭金融市场参与和金融资产配置的影响流程图。总体而言,互联网使用的主要作用是从市场参与的需求端和服务端两方面满足家庭参与资本市场的信息需求,降低家庭金融资产配置的成本。

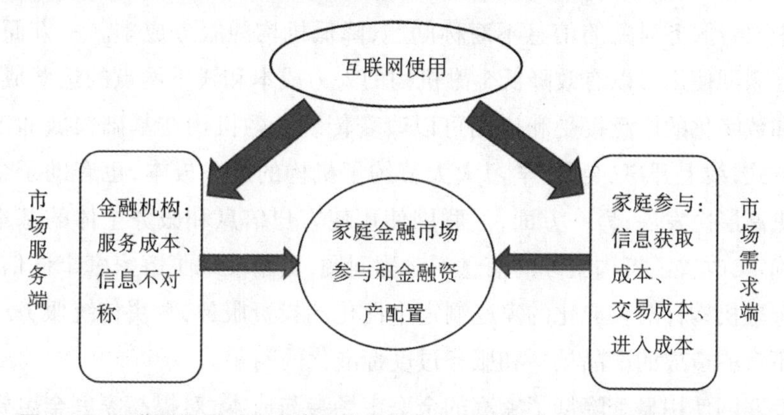

图3.5　互联网使用对于家庭金融市场参与和金融资产配置的影响流程图

第一,从市场参与的需求端来看,家庭的信息缺失和对于信息认知的不确定性是信息需求产生的主要原因。在信息不对称的市场环境下,家庭个体因为金融市场参与的不确定性而形成对市场信息的需求,这种信息需求能否被很好地满足会对家庭个体参与资本市场投资与决策产生重要影响。吉索和简帕尼认为家庭参与资本市场的概率与家庭所获取的市场信息量正相关,而信息成本与家庭参与金融资产投资的概率表现为负向影响关系。[①] 首先,相比于传统信息获取渠道,互联网的搜寻效应可以极大地降低信息获取的成本,充分满足家庭个体参与金融投资的信息需求,为差异性个体有目的地搜寻自己需要的信息创造了条件。高效的信息搜寻不仅解决了家庭因信息缺失产生的市场参与动

---

① Guiso L, Jappelli T. "Awareness and Stock Market Participation", *Csef Working Papers*, vol. 9(04),2005,pp. 537－567.

能下降问题，同时也降低了家庭在市场认知方面的不确定性。其次，互联网信息在数量和速度上的巨大优势极大地改善了市场交易的信息不对称问题，有助于家庭降低在资本市场中的交易成本，交易成本的下降对改善家庭的市场有限参与具有重要的作用。最后，家庭个体参与资本市场之前，通常需要了解和学习与市场相关的基础知识、投资风险以及操作风险等。传统的方法通常是基于线下金融网点的开户、告知和学习，互联网使用的普及使这种市场认知和专业学习摆脱时间和空间的限制，并且家庭开户、搜寻信息都可以在网上进行，减少了家庭的市场进入成本。

第二，从市场参与的服务端来看，金融机构同样可以在家庭互联网使用的过程中改善服务对象的信息不对称问题，降低机构的服务成本。一方面，家庭通过互联网使用可以有效降低金融机构的人力成本和线下网点的运营成本，信息化和数字化的广泛接受和应用可以改变传统金融机构在基础领域的工作与服务方式，线上开户、交易、学习大大节约了机构的服务成本，也有助于金融服务向更高层次发展；另一方面，互联网使用使客户信息和服务主体的基本特征更加确定，改善了机构服务的信息不对称问题，更精准地了解家庭个体信息，有助于金融机构针对差异化的家庭制定个性化的投资服务，解决传统服务中因为信息不对称造成的产品单一和服务过度标准化的问题。

互联网使用显著降低了家庭的金融市场参与成本，对提高家庭金融资产配置具有重要的促进作用。为了更深入地探究互联网使用对家庭金融市场参与的内在影响路径，这里有必要进一步分析其影响渠道。根据信息获取方式的不同，其影响渠道具体可以分为以下几个方面[①]：

1. 信息搜寻

基于搜寻理论，家庭可以直接通过互联网进行信息搜寻，降低市场参与成本，即产生和商品市场相似的信息搜寻效应。这种信息获取方式是互联网使用最直接的影响渠道，也是相对主动的信息获取方式。

---

① 本节对于互联网使用影响金融资产配置的渠道并未形成数理推导的理论模型，本书在第六章将对相关影响渠道的理论假设进行实证检验。

2. 社会互动

互联网使用能够提升家庭的线上社会互动水平，间接获取资本市场参与信息。互联网使用的普及形成了基于互联网平台的各类网络社区，在这些网络社区空间里，家庭个体可以进行大量的知识和经验分享。一方面，家庭可在线上的社会互动中获取相关投资信息和投资渠道，这种被动的信息获取方式有助于打破主观信息需求的局限性，有利于家庭投资渠道的丰富和市场参与的多元化。另一方面，家庭个体在面临市场参与和资产选择的不确定因素时，会受到互联网使用的"示范效应"影响，即社会互动的主流观点或主流舆论会影响家庭个体的投资选择，具体表现为市场的波动方向会受到高频率的互动信息的影响不断得到强化而趋同。

3. 金融可及性

互联网使用能够帮助家庭获取更广泛的金融服务和市场资源，提升家庭的金融可及性，间接实现家庭资产配置的质量提升与结构优化。如前文所述，在互联网使用普及之前，家庭金融市场参与对于线下网点的依赖极大地限制了金融资产配置的总量提升和结构改善，尹志超等人的研究也表明，随着互联网的普及，以金融网点数量为衡量标准的金融可及性正在逐步弱化，而以网上银行等线上金融服务为代表的金融可及性正在被广泛接受并发挥作用。①

三、互联网使用与家庭消费升级：基于金融资产配置的理论模型

通过分析互联网使用对金融资产配置的影响机理和本章第二节关于金融资产配置与家庭消费关系的理论框架，我们可以进一步探讨互联网使用、金融资产配置和家庭消费升级三者之间的内在影响关系，即互联网使用除了具有对家庭消费的直接效应外，是否存在通过金融资产配置产生的间接效应，进而影响家庭消费的结构变动。

---

① 尹志超、吴雨、甘犁：《金融可得性、金融市场参与和家庭资产选择》，载《经济研究》2015 年第 3 期。

因此,借鉴孔萨穆特的研究结果①,本节使用包含非位似偏好特征的效用函数,并将互联网使用和金融资产配置两个影响因素同时引入研究模型,分析互联网使用影响家庭消费的机理。由于互联网使用的信息搜寻效应不仅会直接作用于家庭金融资产配置,而且会直接影响到家庭消费,因此本节参照李旭洋等人的做法②,基于互联网信息搜寻理论构建基础理论模型。

假设市场中均为同质性的家庭个体,家庭的消费品主要包括两大类——生存型消费品、发展和享受型消费品(即非生存型消费品)③,市场中的家庭个体存在无限期的经济决策行为,并且家庭的主观偏好具有时间可分的特性,其瞬时效用函数可表示为对数形式,那么,模型设计中目标家庭的具体效用函数表达式如下:

$$u(c_t^1,c_t^2) = \varphi \lg(c_t^1 - a) + (1-\varphi)\lg(c_t^2 + S_t) \tag{3.28}$$

$$S_t = s_t(Y_t, net) \tag{3.29}$$

$$U = \sum_{t=0}^{\infty} \beta u(c_t^1, c_t^2) \tag{3.30}$$

$$C_t = c_t(Y_t) = c_t^1 + c_t^2 \tag{3.31}$$

公式(3.28)中,c_t^1 和 c_t^2 分别表示目标家庭第 t 期在市场中购买的生存型消费品和非生存型消费品的数量,$\varphi[\varphi \in (0,1)]$ 表示目标家庭主观偏好的权重,$a(a>0)$表示目标家庭生活必需品的最低消费量,S_t($S_t > 0$)是在第 t 期目标家庭内部自给(非市场供给)的服务性消费④。这部分消费的变化由家庭可供消费的财富水平和互联网因素共同决定。一方面,家庭可供消费的财富包括收入和流动资产净值两个部分,无论是家庭收入的增加还是流动资产净值的提

---

① Kongsamut P, Rebelo S, Xie D. "Beyond Balanced Growth", *Review of Economic Studies*, vol,68(04),2001,pp. 91 - 134.

② 李旭洋、李通屏、邹伟进:《互联网推动居民家庭消费升级了吗? ——基于中国微观调查数据的研究》,载《中国地质大学学报(社会科学版)》2019 年第 4 期。

③ 家庭生存型消费、发展型消费和享受型消费的划分标准目前还停留在理论定义层面,本书将在第四章通过统计聚类的方法对家庭生存型消费、发展型消费和享受型消费进行样本划分。

④ Kongsamut 等人认为,家庭内部提供的服务消费(S_t)是指在发展与享受型消费品中,除去从市场购买($c^2{}_t$)的剩余部分。比如,消费者自身对商品进行一些简单个性化的设计、社交活动、下棋或打牌等需要家人参与的休闲娱乐。

升,都会对家庭消费升级产生正向的财富效应,同时降低家庭内部的服务消费需求;另一方面,互联网的普及使家庭成员可以更方便地搜索并获取符合家庭个性化需求的消费品,同样降低了家庭内部的服务性消费需求。因此,公式(3.29)中,$S_t = s_t(Y_t, net)$,且$s_t'(Y_t) < 0$,$s_t'(net) < 0$,Y_t表示目标家庭第t期可用于消费的财富总值,net表示互联网使用因素①。公式(3.30)中,$\beta[\beta \in (0,1)]$是关于跨期消费效用的折现因子,c_t^1和c_t^2的含义与公式(3.28)相同。公式(3.31)中,C_t表示目标家庭的总消费,为c_t^1和c_t^2之和,且家庭总消费C_t与家庭可供消费的财富水平Y_t正相关,即:$C_t = c_t(Y_t) = c_t^1 + c_t^2$,且$c_t'(Y_t) > 0$。

代表性家庭的预算约束为:

$$Y_t = w_t L_t + M_t = c^1{}_t + P_t c_t^2 + M_{t+1} \tag{3.32}$$

$$M_t = m_t(r_t, net), \ m_t'(net) > 0 \tag{3.33}$$

公式(3.32)描述了Y_t的两种主要来源:一是家庭成员在劳动市场上获取的工资性收入,二是家庭通过金融资产配置取得的流动资产净值。w_t代表t期的工资率,L_t代表t期家庭成员的劳动时间,M_t代表家庭t期的流动资产净值。根据第二节关于资产性质的理论分析,Y_t并不包括缺乏流动性、变现成本较高的家庭资产,如家庭住房资产、长期储蓄等。为了简化研究,本书将家庭生存性消费品$c^1{}_t$的市场价格标准化为1,发展和享受型消费品的市场价格表示为P_t,且$P_t > 1$,P_t也是互联网使用因素的函数,即$P_t = p_t(net)$。参考班克斯的研究结果,如果市场存在搜寻成本,则消费品的市场均衡价格为$p^* = \sqrt{ef}$(f代表效用损失成本),搜寻成本e的变化会引起市场均衡价格p^*的同方向变化,降低搜寻成本会使市场的均衡价格下降。② 因此,当互联网使用程度较高时,消费品均衡价格会由于搜寻成本的下降而降低,即$p_t'(net) < 0$。

---

① 本书的互联网使用指的是家庭成员工作以外的互联网使用程度,并不讨论互联网使用对家庭收入的影响程度,原因是一些研究者认为互联网使用会提升家庭的总体就业水平和工作效率,进而改善收入水平,但是工作中的互联网使用并非家庭成员的自主选择行为。由于本书探讨的是家庭主体的主动经济决策能力,并不包括家庭个体在工作中将互联网作为工作必要条件的使用情况,在这种情况下我们假定互联网使用并不影响家庭个体在劳动市场的既定工资收入水平。

② Bakos J Y. "Reducing Buyer Search Costs: Implications for Electronic Marketplaces", *Management Science*, vol. 12, 1997, pp. 23 – 47.

公式(3.33)中,r_t 为 t 期的高流动性金融资产M_t的收益率,M_t 也是互联网使用因素的函数,即 $M_t = m_t(r_t, net)$。家庭互联网使用程度的提升可以提高家庭资本市场的参与度,促进家庭金融资产配置总量的增加。此外,互联网使用还可以改善市场信息不对称问题对家庭投资决策的影响,有助于改善家庭金融资产配置结构和投资收益率水平。因此,互联网使用程度的提高也会提升家庭对高流动性金融资产的配置需求,即 $m'_t(net) > 0$ 。

通过以上分析可知,互联网使用可以通过直接的搜寻效应降低家庭消费的交易成本,由此带来市场交易均衡价格的下降,提升消费需求。同时互联网使用也会引起家庭金融资产配置规模和结构的变化,高流动性金融资产的收益和规模提升会提高家庭总的财富水平和流动性水平,并对家庭消费产生间接影响。基于家庭消费升级与互联网使用以及家庭金融资产之间的关系,家庭消费效用的最大化问题可以表示为:

$$\max U = \sum_{t=0}^{\infty} \beta u(c_t^1, c_t^2) \tag{3.34}$$

$$s.t.\ w_t L_t + M_t = c_t^1 + P_t c_t^2 + M_{t+1} \tag{3.35}$$

通过拉格朗日函数法和资产滞后公式替换,求解得到目标家庭实现效用最大化的均衡条件为:

$$[\varphi/(1-\varphi)] \times [(c_t^2 + S_t)/(c_t^1 - a)] \times P_t = M_t \tag{3.36}$$

再代入 $S_t = s_t(net)$ 、$P_t = p_t(net)$ 和 $M_t = m_t(net)$,可得:

$$[\varphi/(1-\varphi)] \times [(c_t^2 + s_t(net))/(c_t^1 - a)] = m_t(net)/p_t(net) \tag{3.37}$$

若用 $x^2{}_t$ 表示第 t 期发展与享受型消费品 c_t^2 占家庭总消费的比重,对公式(3.37)提取消费因子,则有:

$$x_t^2 = c_t^2/c_t^1 + c_t^2 = 1/\left[\frac{\varphi}{1-\varphi} \times \frac{p_t(net)}{m_t(net)} \times \left(1 + \frac{s_t(net)}{c_t^2}\right) + \frac{a}{c_t^2} + 1\right] \tag{3.38}$$

根据第三节的理论分析,在互联网使用所产生的直接效应中,价格效应和市场范围效应使 $p_t(net)$ 和 $s_t(net)$ 均随着互联网使用程度的提升而下降,同时互联网使用通过金融资产配置产生的间接效应使 $m_t(net)$ 提高,结合公式(3.38),非生存型消费占比 x_t^2 随之提升,进而实现家庭消费升级。

第四章 资产流动性、配置结构对家庭消费的影响特征

第三章从家庭资产性质、配置结构和影响效应三个方面论证了金融资产配置对家庭消费的影响。本章将在确定家庭消费结构的基础上,实证分析不同流动性资产对家庭消费结构的影响效应,据此确定金融资产的流动性差异对家庭消费结构的影响关系。

本章的具体研究安排如下:第一步,CFPS 数据,通过聚类分析的方法对微观家庭的消费类数据进行统计分析,并以此确定家庭消费的结构层次与具体内容。第二步,以聚类结果的消费分类指标作为因变量,依据资产流动性的差异,以资产配置结构为自变量,检验在控制其他变量时,不同资产的流动性差异对家庭消费结构的影响效应。第三步,进一步比较分析住房资产多重属性下金融资产配置影响家庭消费结构的特征差异。

第一节 家庭消费结构的聚类分析

为了更好地分析当前我国家庭的消费选择,本节在消费结构经典定义的基础上,将家庭消费分为生存型、发展型、享受型三种,并运用 CFPS 数据中关于家庭消费的统计数据,按照不同消费类别受外部因素影响的波动程度对家庭消费结构进行聚类分析,论证消费结构分类的组成范围,为进一步研究家庭消费结构升级提供基础测度指标。

一、消费结构测度指标与方法

1. 消费结构的测度指标

消费结构一词在已有的消费领域研究中被普遍使用,虽然学界还未对其确切的定义形成统一认识,但普遍认为在微观表现形式上,消费结构指的是不同形式、不同内容的消费在家庭总体消费中的比重及其彼此之间的关系。按照不同的划分标准,家庭消费结构也存在不同的类型。按照消费内容划分,家庭消费结构可分为物质生活类消费、精神文化类消费、劳务类消费;按照消费目的和需求层次划分,家庭消费结构可分为生存型消费、发展型消费和享受型消费①。考虑到本书关于家庭消费升级的研究目的,本节将借鉴第二种分类标准,按照生存、发展和享受的分类体系测度家庭的消费结构。

《中国统计年鉴》将家庭的消费性支出分为八大类:食品、衣着、居住、家庭设备及用品、交通通信、教育文化娱乐、医疗保健、其他用品及服务。CFPS 数据在家庭经济问卷中也据此将家庭消费支出分为八类。目前国内一些研究者将满足家庭基本生存的消费,包括食品、衣着和居住等归为生存型消费,而将其余的消费类型归为发展与享受型消费。②③ 但是这类测度方法更多建立在经验理论的归纳统计之上,并未结合家庭微观个体的属性,从家庭消费各类分项内容的波动性上建立测度的统计依据。因此,本节将利用聚类分析法对家庭各个消费分项进行具体分类,并且按照聚类结果区分家庭生存型消费、发展型消费和享受型消费的具体边界,为本书后面章节进一步探讨家庭消费结构升级提供合理的测度指标支持。

---

① Kongsamut P, Rebelo S, Xie D. " Beyond Balanced Growth", *Review of Economic Studies*, vol. 68(04), 2001, pp. 91 - 134.

② 李晓楠、李锐:《我国四大经济地区农户的消费结构及其影响因素分析》,载《数量经济技术经济研究》2013 年第 9 期。

③ 潘敏、刘知琪:《居民家庭"加杠杆"能促进消费吗?——来自中国家庭微观调查的经验证据》,载《金融研究》2018 年第 4 期。

2. 聚类分析的基本原理

聚类分析是多元统计分析中早期利用数据信息对数据进行分类以降低分析工作量级或信息维度的一种经典方法。聚类分析的实质是按照某种“距离”标准将数据分类,力求同一类别内部数据间的“距离”最小的同时,各不同类别数据间的“距离”最大。根据聚类的目标和数据实际表现的不同,“距离”的定义也不同。早期的聚类都是对样本的分类,随着数据存储字段的不断增多,对变量的分类成为聚类分析法越来越重要的分支,聚类分析也因此成为主成分分析、因子分析之后对数据进行降维的经典方法之一。

在多元统计分析领域,经典的聚类方法包括 K 均值聚类、层次聚类、两步聚类等。聚类分析的过程涉及数据的预处理、“距离”标准的设定、合并数据或变量等几个步骤。以适用于变量聚类的层次聚类法为例:

(1)数据的标准化

对于变量聚类,在实证数据中,不同变量可能存在较大的取值差异,有可能是取值范围的正负差异,也有可能是数量级的差异,这些都会导致后面的“距离”计算产生异常或偏差。为此,在聚类前需要根据数据情况(统计描述)进行标准化处理。处理的方法一般包括直接中心化、转换到既定区间、取自然对数等。

(2)定义“距离”标准

聚类中的“距离”可以是几何意义上的,也可以是代数意义上的,甚至可以是依据聚类目标自主定义的。常用的度量“距离”的方法主要有:①组间平均连接法,组间“距离”等于两个分组中各数据点两两之间的距离的平均值;②沃德(wald)法,组间“距离”等于组内各数据点的离差平方和/组间各数据点的离差平方和;③平方欧氏距离(Euclidean)法,组间“距离”即几何距离的平方,样本在各坐标轴上的离差平方和;④皮尔逊(Pearson)相关系数法,组间“距离”即个体或变量间的两两相关系数;⑤卡方度量法,针对分类型数据,利用列联表分析的方法计算卡方值来衡量个体之间的差异。

(3)合并变量

以自下而上法为例:默认待合并的变量个数为分组个数,首先计算初始的各组的组间“距离”,然后合并组间“距离”最小的两个组,形成第一次分组状态;计算第一次分组后的各组间"距离",根据这一新的组间"距离",合并"距离"最小的两个组,形成第二次分组状态;计算第二次分组后的各组间"距离",根据这一新的组间"距离",合并"距离"最小的两个组,形成第三次分组状态……依次重复,直至全部变量合并为一组,聚类过程结束。

二、基础数据准备

2014 年、2016 年和 2018 年,CFPS 的家庭样本数据库中追踪家庭共计 10593 个,其中,城镇家庭 5095 个,农村家庭 5458 个,城乡信息缺失家庭 40 个。所有家庭的分布情况如图 4.1 所示,图中显示的样本家庭除了个别地区有数据缺失外,基本涵盖了全国大部分省、自治区和直辖市家庭的统计数据。

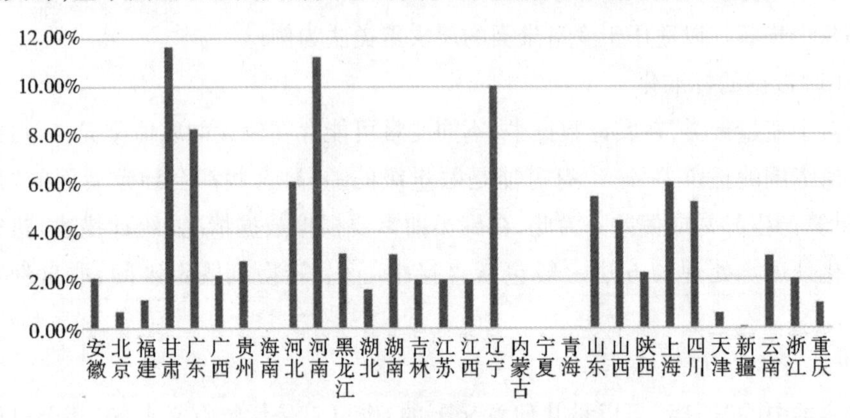

图 4.1　样本家庭的分布情况

如图 4.2 所示,从家庭受访人的年龄分布来看,50 岁左右的受访人占比最高,47 岁至 56 岁之间的各个年龄占比基本都达到了 2% 以上,而 33 岁至 43 岁的家庭受访人比例明显少于前者,各个年龄段占比均不足 1.5%。因为样本数量较大,且受访者的选取具有随机性,这个结果在一定程度上说明了样本家庭的结构特征与当前的人口特征基本一致。60 年代初出现的"婴儿潮"和 70 年代末开始的计划生育政策对中国家庭的年龄结构产生了较为深远的影响。

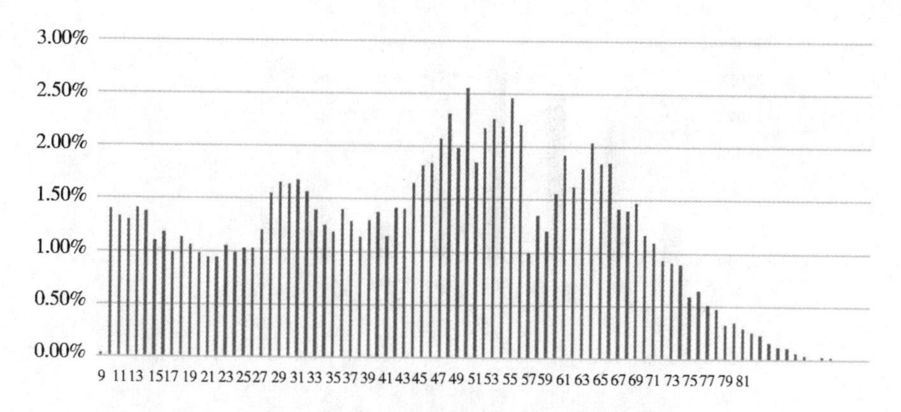

图 4.2　样本家庭受访人的年龄分布情况

样本家庭受访人的性别、健康状况和学历分布状况如图 4.3 至图 4.5 所示。由于女性可能对家庭整体状况的了解程度更高，受访者中女性比例略高于男性，并且在样本家庭中，超过 40% 的受访者的健康水平为比较健康，不健康和非常健康的均不足 15%。样本家庭的学历水平超过小学和初中学历的比重较高，本科及以上学历的不足 5%，这也和受访者的年龄段及其所处的时代特征高度一致。

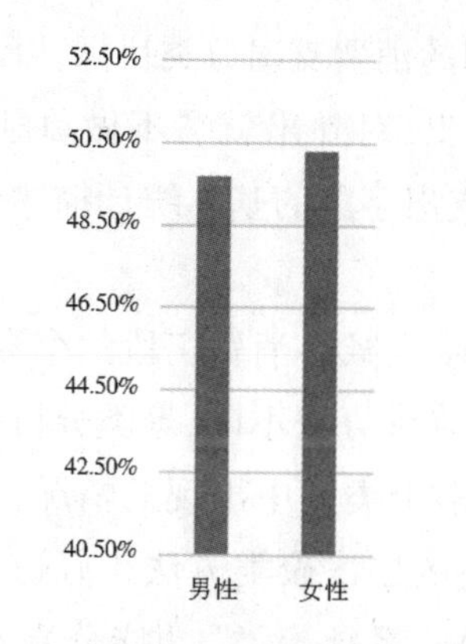

图 4.3　样本家庭性别分布状况

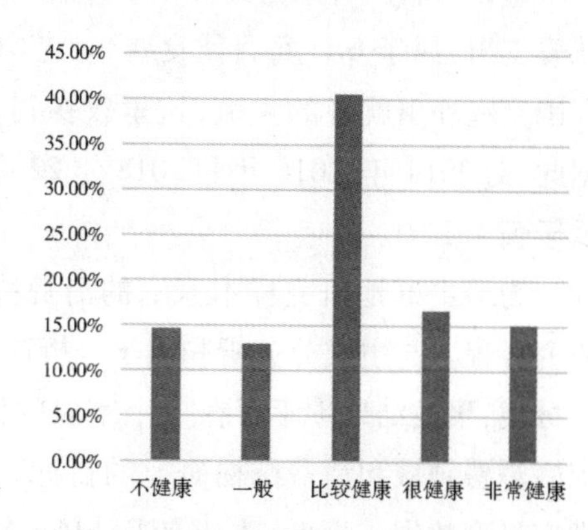

图 4.4　样本家庭健康分布状况

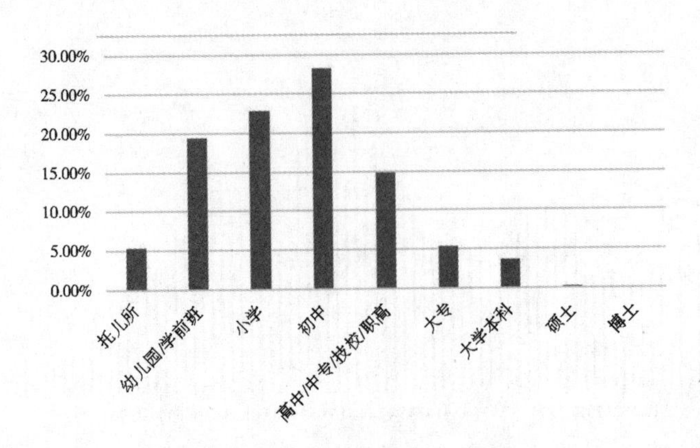

图 4.5　样本家庭学历状况分布

本书使用的追踪家庭的消费、收入、支出和资产、负债以及互联网金融行为等样本信息的基本统计描述将在后续章节中给出。

三、聚类结果及分析

CFPS 调查中,家庭具体消费支出共包括 23 个字段,其中 fp301(每月外出就餐支出)属于 fp3(每月伙食费)。考虑到本书的消费支出分类目标,以及当前我国家庭外出就餐的主流,这里仅探讨食品支出,对外出就餐不做单独探讨。据此,对 2014 年、2016 年和 2018 年 22 个消费支出字段的基本统计描述分别列示于表 4.1 中。

为了更好地研究样本家庭的消费特征,必须先减小消费字段的个数,简化研究过程。与主成分分析和因子分析这类经典降维方法不同,聚类分析是严格的分类,聚类结果中不存在一个字段的信息在多个类别中出现的情况,更符合家庭消费领域和消费结构研究的目标。而前述的层次聚类方法正好适用于聚类变量型数据。据此,本书使用 SPSS 软件中的“系统聚类”功能分别对 2014 年、2016 年和 2018 年追踪家庭的 22 个家庭消费支出字段进行层次聚类分析,采用组间距离方法(距离测度采用平方欧氏距离的测度方法),提前对变量采用 1 的标准差的标准化方法去除数据量纲,并将合并后的距离标准化(约束在[0,1]之间)。三个年度各自聚类分析的合并进程表汇总于表 4.2 中,聚类分析谱系图结果列示于图 4.6 中。

表 4.1　2014 年、2016 年、2018 年追踪家庭消费支出信息基本统计描述

字段名	含义	2014 年			2016 年			2018 年		
		有效样本	均值	标准差	有效样本	均值	标准差	有效样本	均值	标准差
fp3	每月伙食费/元	10413	15601.95	16663.06	10509	17469.03	21000.47	10475	19104.22	18527.67
fp401	每月邮电通信费/元	9943	2009.03	2082.73	10258	2252.93	2728.91	10180	2406.51	2598.64
fp402	每月水费/元	5901	367.28	474.27	6485	329.18	484.68	6884	478.84	594.62
fp403	每月电费/元	10158	1097.29	1509.82	10415	1214.75	1494.50	10396	1424.77	1887.95
fp404	每月燃料费/元	7482	1542.14	2955.43	8129	1325.88	2306.77	8525	1392.87	1752.11
fp405	每月本地交通费/元	7756	2827.82	4802.02	8249	3088.60	5139.66	8115	3622.75	5757.60
fp406	每月日用品费/元	10302	872.36	1024.49	10307	1039.46	1322.61	10203	1146.73	1485.29
fp407	每月房租支出/元	973	10586.85	42874.75	1007	10963.57	31158.33	1038	9501.70	12764.54
fp501	该年度衣着消费/元	9778	2456.25	3986.41	9823	2658.29	4630.35	9739	3107.15	4857.32
fp502	该年度文化娱乐支出/元	2563	526.23	871.84	3079	632.62	1032.75	3326	758.31	1161.47
fp503	该年度旅游支出/元	1784	4351.23	7901.91	2209	5109.06	9821.47	2650	5576.37	10851.96
fp504	该年度取暖费/元	1652	1700.92	1237.85	1623	1778.52	1287.02	1807	1944.83	1473.77
fp505	该年度物业费/元	2211	493.27	916.44	2560	656.34	1109.69	2813	804.42	1178.02
fp506	该年度住房维修费/(元·年$^{-1}$)	2105	23023.20	48157.37	2032	27279.24	55384.25	1995	29471.69	64493.58
fp507	该年度汽车购置费/元	1338	24718.98	87978.03	1904	22408.28	50055.20	2541	19617.88	49672.50
fp508	该年度交通通信工具费/元	5347	1816.97	2672.16	5564	2145.56	4619.90	5593	2441.62	3240.32
fp509	过去 12 个月家具耐用品支出/元	3596	3880.69	9929.05	3389	10742.07	75435.10	3245	4611.60	12565.36
fp510	过去 12 个月教育培训支出/元	5253	6971.41	10382.33	5409	7997.77	13122.08	5366	9476.59	12686.62
fp511	过去 12 个月医疗支出/元	9337	5149.81	13886.34	9469	6403.79	19094.18	9328	6853.58	16920.05
fp512	过去 12 个月保健支出/元	1223	2172.13	5090.32	1406	2939.05	6609.15	1540	3251.36	7626.34
fp513	过去 12 个月美容支出/元	8569	519.75	1129.45	8714	605.87	1220.94	8699	822.21	1796.13
fp514	过去 12 个月商业性保险支出/元	2333	4769.95	7626.63	2595	5823.36	9391.53	3183	6788.04	9604.34

注：针对“每月”的消费支出，在统计描述前，已对其进行年化处理。

表 4.2　家庭各类消费支出聚类分析的合并过程

阶段	2014 年			2016 年			2018 年		
	合并的类别		系数	合并的类别		系数	合并的类别		系数
1	fp501	fp513	0.000	fp501	fp513	0.000	fp501	fp513	0.000
2	fp402	fp403	0.048	fp402	fp403	0.014	fp402	fp403	0.009
3	fp3	fp401	0.052	fp3	fp401	0.050	fp3	fp401	0.017
4	fp3	fp406	0.117	fp507	fp509	0.112	fp501	fp502	0.082
5	fp502	fp503	0.144	fp3	fp406	0.130	fp503	fp505	0.086
6	fp501	fp514	0.200	fp405	fp501	0.137	fp3	fp406	0.095
7	fp405	fp501	0.226	fp504	fp505	0.139	fp405	fp514	0.104
8	fp405	fp502	0.246	fp502	fp503	0.164	fp506	fp509	0.110
9	fp3	fp402	0.248	fp405	fp502	0.192	fp405	fp501	0.180
10	fp506	fp509	0.276	fp3	fp402	0.192	fp405	fp503	0.205
11	fp405	fp505	0.290	fp405	fp514	0.271	fp3	fp402	0.208
12	fp405	fp508	0.344	fp405	fp504	0.334	fp405	fp508	0.319 *
13	fp3	fp405	0.430 *	fp3	fp405	0.434 *	fp405	fp510	0.340
14	fp404	fp504	0.458	fp3	fp510	0.480	fp3	fp405	0.400
15	fp3	fp510	0.473	fp3	fp508	0.501	fp506	fp512	0.478
16	fp507	fp512	0.506	fp404	fp407	0.525	fp3	fp504	0.494
17	fp3	fp404	0.520	fp506	fp507	0.552	fp506	fp507	0.522
18	fp506	fp507	0.532	fp3	fp512	0.584	fp3	fp404	0.530
19	fp407	fp506	0.558	fp3	fp404	0.619	fp506	fp511	0.578
20	fp407	fp511	0.582	fp3	fp511	0.633	fp3	fp506	0.582
21	fp3	fp407	0.587	fp3	fp506	0.636	fp3	fp407	0.617

注:“ * ”标注的是在合并进程中具有最大增量的合并系数。

综合表 4.2 和图 4.6 显示的三个年度聚类分析结果，本书确定消费支出中的第一类包括：fp3、fp401、fp402、fp403、fp405、fp406；第二类包括：fp501、fp502、fp503、fp505、fp513；第三类包括：fp404、fp407、fp506、fp507、fp509、fp511、fp512、fp514。此外，不稳定消费支出包括 fp504、fp508、fp510 三项。其中，fp504 在 2014 年和 2018 年都归于第三类，在 2016 年归于第一类；fp508 在 2014 年和 2018 年都归于第一类，在 2016 年归于第三类；fp510 在 2014 和 2016 都归于第三类，而在 2018 年归入第二类。为了减少分类波动性和归类不确定的干扰，本书剔除掉聚类结果存在不连续的细分类别 fp404、fp504 和 fp508，并将 fp510 按照 2014 年和 2016 年的连续识别结果归入第三类。

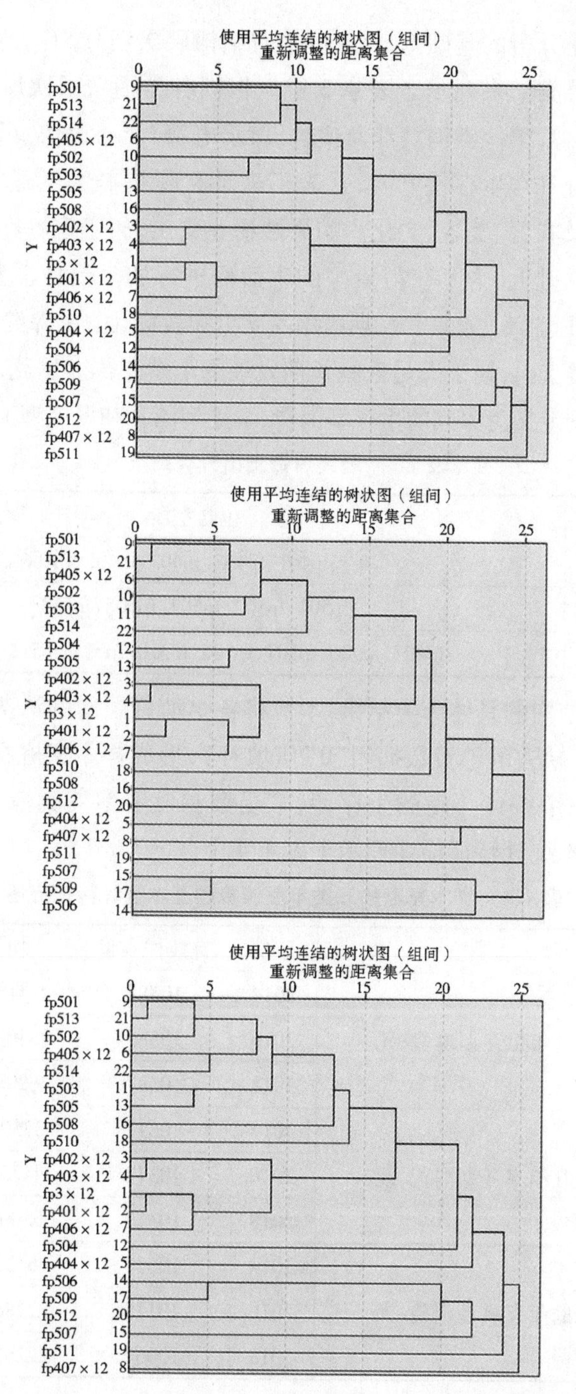

图 4.6　2014 年、2016 年和 2018 年样本家庭各项消费支出的聚类分析谱系图

本书在聚类分析的基础上，将家庭消费结构层次划分为三类调整后形成的家庭消费支出分类结果列示于表 4.3 中。根据各类消费层次所包含字段的具体含义，不难发现，第一类消费涉及伙食、煤水电费、交通通信及日用品支出，囊括了家庭大部分日常生存性开支，代表了满足家庭基本生存需求的消费支出；第二类消费涉及衣着、美容、文化和购买性物业支出，属于家庭在生活必需品得到基本满足的基础上，为了获得更好的生活而进行的享受性消费支出；第三类消费则涉及租住、汽车、家具等长期耐用品支出和教育、医疗、保健、商业性保险等长期服务性消费支出，属于满足家庭长期发展的消费支出。据此，如表 4.3，本书将三类消费分别定义为家庭的生存型消费、享受型消费和发展型消费。

表 4.3　最终消费支出分类结果

分类	包含字段
生存型消费	fp3、fp401、fp402、fp403、fp405、fp406
享受型消费	fp501、fp502、fp503、fp505、fp513
发展型消费	fp407、fp506、fp507、fp509、fp510、fp511、fp512、fp514

按照消费结构的具体分类结果，本节将各个消费层次的消费额在年度时间段上进行加总（缺失的消费数据用“0”值填补），形成样本家庭在 2014 年、2016 年和 2018 年三个统计年度的生存型、享受型和发展型三类消费的年度总额。样本数据的基本统计特征描述列示于表 4.4 中。

表 4.4　样本家庭的三类年度消费额基本统计特征描述

变量名	含义	年份	有效样本量	均值	标准差
*Consume*1	家庭年生存型消费/元	2014	10583	21418.39	20387.71
		2016	10585	24391.00	25129.80
		2018	10587	26808.44	24020.74
*Consume*2	家庭年享受型消费/元	2014	10311	3750.64	6994.323
		2016	10347	4475.30	8925.05
		2018	10319	5500.22	10200.08
*Consume*3	家庭年发展型消费/元	2014	10017	16737.78	47902.93
		2016	10115	22286.05	68140.66
		2018	10061	22265.79	49950.59

注：无效样本是所属类型中各消费支出都为 0 的家庭样本。

第二节　不同流动性资产配置对家庭消费结构的影响

本节将在家庭消费结构聚类分析结果的基础上，结合第三章关于资产性质、配置结构对家庭消费影响效应的理论分析，利用 CFPS 数据中微观家庭的资产配置数据，实证检验不同流动性资产配置结构对家庭消费结构的影响。

一、变量选择与数据来源

本节使用北京大学中国社会科学调查中心 2014 年、2016 年和 2018 年的 CFPS 数据集进行实证分析。该数据集包含了家庭经济行为的跟踪调查数据，其中家庭特征、资产配置以及消费相关的数据均来自家庭问卷。以下就家庭资产配置结构、家庭消费结构等主要变量的测度方法及其他非核心变量和控制变量进行说明。

1. 高流动性金融资产（$d_{Finance}$）：以往的研究一般将家庭金融资产分为风险资产和无风险资产两类，但在本书的定义中，基于资产流动性对家庭消费的影响，将家庭在实物资产之外的流动性高的金融资产定义为高流动性金融资产，该指标以 CFPS 问卷调查结果中关于"家庭是否持有金融产品，如股票、基金、债券、信托产品、外汇产品等？"以及"家庭持有的上述金融产品的总价值是多少？"两个问题的回答为数据来源。除此之外，从资产流动性的角度，家庭持有的现金和银行短期无风险存款也被纳入到高流动性金融资产的范围内[①]。为了反映跟踪家庭的资产变动状况，本书用 2014 年、2016 年和 2018 年最近三期的样本数据，计算两期高流动性金融资产增量的年度数据，作为该变量的衡量指标。

2. 低流动性金融资产（$d_{Deposit}$）：金融资产中还有一部分资产流动性相对较弱，主要作为衡量家庭风险偏好和储蓄动机的重要指标，本书对家庭储蓄性的定期存款进行单独考察。该指标以 CFPS 问卷调查结果中关于"家庭持有的年

---

① 家庭现金和短期存款的变量值根据问卷"家庭年度现金及存款总额"以及"家庭年度定期存款总额"两项数据的差求得。

度定期存款余额"这一问题的回答为数据来源,同样采用两期的增量数据表示跟踪家庭的定期存款变动情况。

3.住房资产($d_{Realestate}$):本书了更清楚地研究家庭住房资产对消费的财富效应以及可能产生的流动约束效应,将CFPS问卷中关于"家庭当期持有的住房资产市值"的回答结果作为衡量指标,并且通过计算两期的住房资产市值增量来反映家庭持有住房资产的价值变动情况。

4.家庭消费(*Consume*):根据此前聚类分析的结果,本书将家庭消费分为生存型消费(*Consume*1)、享受型消费(*Consume*2)和发展型消费(*Consume*3),并按照样本中各个分项数据的加总得到每一类消费的年度消费额。

除以上关注的主要变量外,还有许多其他因素会引起家庭消费结构的变化。首先,本书将相关性较高的其他经济变量设定为重要的非核心解释变量,也称为协变量,主要包括家庭的年度收入和负债水平,分别以CFPS问卷中的"家庭年收入"和"家庭年负债变动额"为衡量变量的指标。为了区分家庭劳动报酬与资产收益,本书中的家庭收入以家庭成员的年劳动报酬作为衡量指标①。其次,为了反映家庭特征对消费结构的影响程度,本书将家庭的人口统计学特征列为重要的控制变量,控制了"家庭成员数量"、"家庭平均年龄"、"家庭学历水平"以及"家庭健康水平"。在控制变量中,家庭学历水平和健康水平属于分类型变量,本书采用简单的序数赋值方法,具体的赋值映射结果见表4.5。②

---

① 本书的收入指标采用的是CFPS问卷中家庭收入扣除资产投资收益的部分,即家庭工资性收入和自营性收入的总和。

② 鉴于健康水平为"不知道"的受访者个体较多,本书对其采取中位数赋值方法,以增加有效样本量。

表4.5　模型控制变量的选项赋值

家庭受访者学历水平		家庭受访者健康水平	
选项	赋值	选项	赋值
托儿所	1	不健康	1
幼儿园/学前班	2	一般	2
小学	3	比较健康	3
初中	4	很健康	4
高中/中专/技校/职高	5	非常健康	5
大专	6	不知道	3
大学本科	7	—	—
硕士	8	—	—
博士	9	—	—

为了统一本书的实证样本，须对问卷结果进行匹配，通过筛选样本和删除部分缺失值，在数据清洗后，家庭各项资产及负债的数据来源和预处理过程补充列示于表4.6中。

表4.6　资产及负债的数据来源字段及预处理

数据	字段处理	字段含义
年末家庭高流动性金融资产市值(元)	FT201 + FT11 − FT101	FT1：现金及存款总额(元) FT201：金融产品总价(元)
年末家庭低流动性金融资产市值(元)	FT101	FT101：存款中的定期存款总额(元)
年末家庭住房资产总市值(元)	FQ6 + FR2	FQ6：现住房当前市价(万元) FR2：其他住房资产当前市价总额(万元)
年末家庭总负债额(元)	FT501 + FT301 + FT601 + FT602	FT301：待偿房贷本息总额(万元) FT501：除房贷外的待偿贷款额(元) FT601：亲友借款待偿额(元) FT602：待偿民间借贷额(元)

二、实证模型构建

参考第三章家庭资产组合理论以及不确定消费理论的梳理结果，结合CFPS数据库可用字段信息，本节建模考察追踪家庭不同流动性的资产配置结构对三种家庭消费层次的影响，将家庭的收入与负债水平作为影响家庭消费的协变量，并将家庭人口规模、年龄水平、学历水平和健康状况作为基本控制变量。考虑到家庭消费额的流量属性，资产和负债的存量将牺牲掉一期数据。经过数据处理后，本小节将构建包含2016年和2018年两期共21186个样本的短面板模型，如公式(4.1)所示。

$$\begin{aligned} Consume_i^I = & \alpha_1^I d_{\text{Finance}\,i} + \alpha_2^I d_{\text{Deposit}\,i} + \alpha_3^I d_{\text{Realestate}\,i} \\ & + \alpha_4^I Income_i + \alpha_5^I Debt_i + A^I Controls_i \\ & + id_i^I + year_i^I \end{aligned} \tag{4.1}$$

其中，$I=1$、2、3分别表示家庭的三种消费层次；id_i为个体固定效应变量；$year_i$为年份固定效应变量。建模设定的控制变量(*Controls*)包括家庭人口数、家庭受访者平均年龄、家庭受访者平均学历水平和家庭受访者平均健康水平。模型中被解释变量的统计特征描述已在上一节消费结构聚类分析时列示于表4.4中，其他解释变量及控制变量的具体含义及基本统计描述列示于表4.7中。①

在表4.7给出的基本统计描述中，货币单位计量的连续型变量与离散或分类型的控制变量之间存在明显的数量级差异。为了得到稳健的模型估计结果，需要在建模前去掉这一差异。本书采用中心化的方法对样本数据去量纲，即利用中心极限定理将变量约束成标准正态分布。② 此外，为了提高估计结果的准确性，有必要控制面板数据的个体效应和年份效应。一方面，由于不同个体的消费习惯和消费类型都存在着差异，必须对这种个体之间存在的不可观测的差异进行控制；另一方面，随着时间变化，个体的消费习惯和消费类型可能受到不同的影响，造成不同年份的同一个体的选择存在差异，因此计量模型中也应该

---

① 家庭金融资产的年度增量数据由对应字段当年和上一次调查数据间的差除以2得到。

② 本章建模采用中心化的方法去量纲，除了考虑计量建模对变量标准正态分布假设的需要外，还在于该方法可以减少非本质的多重共线性，可作为第五章构建有调节中介效应模型的数据预处理。

考虑这种固定的时间效应。鉴于个体效应和年份效应固定后能够更好地反映家庭进行消费决策的共性规律，本章在实证结果分析时使用双固定模型的估计结果。

表 4.7　追踪家庭入模变量基本统计描述

变量名	含义	年份	有效样本量	均值/众数	标准差/区间
d_{Finance}	家庭年高流动性金融资产增额（元）	2016	3627	−29149.91	233063.65
		2018	5161	8813.57	141296.96
d_{Deposit}	家庭年低流动性金融资产增额（元）	2016	3339	−4757.74	131023.25
		2018	6973	−963.23	56258.69
$d_{\text{Realestate}}$	家庭年住房资产价值增额（元）	2016	9031	68452.35	153862.11
		2018	9754	103654.76	162083.97
Realestate	家庭年住房资产市场价值（元）	2016	9031	540424.18	2478699.21
		2018	9754	651335.27	1597484.82
Income	家庭年总收入（元）	2016	10358	58589.16	137358.83
		2018	10517	62045.50	101599.10
Debt	家庭年负债余额（元）	2016	2669	118917.78	221716.90
		2018	2775	164596.24	309839.78
Amount	家庭人口数	2016	10593	4	[1,19]
		2018	10593	4	[1,21]
Age	家庭受访者年龄	2016	10502	45	[16,95]
		2018	10593	42	[10,93]
Education	家庭受访者学历水平	2016	8302	2	[1,7]
		2018	10592	3	[1,8]
Health	家庭受访者健康水平	2016	10512	3	[1,5]
		2018	10589	3	[1,5]

三、实证结果分析

表4.8汇总了不同流动性的资产配置对消费结构影响的“无固定”和“双固定”效应回归结果。其中，消费变量的前一列是既定个体效应和年份效应都为0的估计和检验结果，发现高流动性金融资产对享受型和发展型消费的回归系数

显著为正，低流动性金融资产对享受型和发展型消费的回归系数显著为负，住房资产对各类消费的影响均不显著；后一列是加入家庭个体效应和年份效应的估计和检验结果，发现与未加入"双固定"效应的估计结果一致，即高流动性金融资产增加对家庭非生存型消费的影响为正，低流动性金融资产增加对家庭非生有型消费的影响为负，住房资产对各类消费的影响不显著。

表 4.8　经中心化后的式(4.1)估计和常规检验结果

	*Consume*1		*Consume*2		*Consume*3	
	无固定	双固定	无固定	双固定	无固定	双固定
d_{Finance}	−0.2104 (−0.9020)	0.0349 (1.4538)	0.0299** (2.2353)	0.1199*** (4.005)	0.0029* (0.0824)	0.0427* (2.1135)
d_{Deposit}	0.1174 (0.9489)	−0.0187 (−1.0272)	−0.0194* (−1.7723)	−0.0356* (−1.7574)	−0.0102* (−1.9912)	−0.1052*** (−4.6695)
$d_{\text{Realestate}}$	0.0834 (0.6128)	0.0125 (0.9882)	0.1123 (1.4112)	0.0013 (1.2424)	0.0820 (2.3119)	0.0555 (1.5748)
Income	0.5686*** (8.4779)	0.1606* (1.7759)	0.6257*** (8.9004)	0.1424** (3.0058)	0.2524*** (5.3377)	0.0923* (1.7853)
Debt	0.0517 (0.5715)	0.1019 (0.7060)	0.0834* (1.7953)	0.0080 (0.2119)	0.0552 (1.4749)	0.0074 (0.2487)
Amount	0.1876*** (12.4890)	0.2289*** (4.9415)	0.0064 (0.4412)	0.0883** (2.6426)	0.0566*** (3.8132)	0.1263*** (3.0582)
Age	−0.0246* (−1.9064)	−0.0327* (−1.9575)	−0.0071 (−0.4686)	0.0077 (0.4699)	0.0066 (0.5095)	0.0039 (0.1917)
Education	0.0893 (0.7429)	−0.0204 (−0.5479)	0.1293*** (6.3047)	−0.0097 (−0.4284)	0.0279* (1.8017)	0.0539** (2.4711)
Health	−0.0109 (−0.9619)	0.0088 (0.5542)	−0.0071 (−0.5793)	0.0154 (0.9527)	0.0060 (0.4700)	0.0826** (2.5763)
Constant	0.0614*** (5.8237)	0.1654*** (14.2267)	0.0179* (1.8558)	0.1572*** (18.8505)	−0.0043 (−0.3778)	0.0279** (2.8746)
R^2	0.2885	0.3201	0.3324	0.3446	0.0984	0.1287
Hausman	60.0972	18.1939	61.8712	112.8070	86.3181	16.5224
C−D F	10.0353	8.8741	9.9184	18.7449	8.7643	5.6009

注："( )"中为对应系数估计结果的 t 值；" *** "" ** "" * "分别标示所属变量在 1%、5%、10% 置信水平下具有显著性。

1. 不同流动性资产配置对家庭消费结构影响的回归结果分析

为了提高回归结果分析的准确性,本书重点考察加入“双固定”效应的估计结果。从表4.8可以看出,高流动性金融资产、低流动性金融资产以及住房资产的当期变动对家庭生存型消费的影响均不显著,只有家庭的当期收入对家庭生存型消费有显著的正向影响。在家庭非生存型消费方面,高流动性金融资产配置水平对享受型和发展型消费均有显著的正向影响,对前者的弹性为0.1199,对后者的弹性为0.0427,说明高流动性金融资产对家庭非生存型消费有明显的财富效应,并且对享受型消费的促进作用要大于对发展型消费的促进作用。家庭定期存款与家庭非生存型消费呈负相关关系,定期存款每增加1单位,将会引起家庭享受型消费降低3.5%,发展型消费降低10.5%,说明低流动性金融资产的变动对发展型消费的负向影响要大对于享受型消费的影响。住房资产的价值变动与家庭的三种消费层次虽然呈正相关关系,但是均不显著,说明住房资产对家庭消费的财富效应短期来看并不明显。

此外,通过表4.8还可以看到家庭收入和负债两个重要协变量的影响结果,收入对家庭三种消费层次存在显著的正向影响,并且收入对生存、享受和发展三类消费的弹性分别为0.1606、0.1424和0.0923,均高于其他几类资产,而家庭负债虽然和消费呈正相关关系,但影响并不显著,这表明家庭通过资产信用所增加的负债,有可能并未用于提升家庭的消费水平,资产对消费的信贷融通效应并不明显。

在控制变量方面,公式(4.1)的短面板模型以家庭样本的特征信息为主要的控制变量,相较于模型中连续的核心变量和协变量,其取值的离散属性导致短面板模型中的个体固定效应更多地取决于控制变量的信息,特别是具有统计显著性的控制变量。而在个体固定效应拟合后,样本在多个控制变量中的显著差异被拟合,稀释了控制变量的显著性,这时,变得显著的控制变量实际上是相对而言并不显著的变量。因此,本书将着重分析“无固定”模型中显著的控制变量的实证意义。在表4.8中三种消费层次的“无固定”模型的控制变量中,生存型消费受到家庭人口数的正向影响和家庭年龄水平的负向影响,发展型消费受到家庭人口数的正向影响,这些结果和现实是基本吻合的。此外,享受型和发展型消费均受到家庭学历水平的正向影响,这可能是因为学历水平较高的家庭往往更加注重家庭成员的生活品质,对家庭成员的教育与健康水平也会更加重视。

在常数项方面,由于样本在显著控制变量方面的差异被个体固定效应拟合后,控制变量的显著性被稀释,但同时包含共性信息的常数项的显著性得到提高。因此,本书将着重分析"双固定"模型中显著的常数项。根据表4.8中"双固定"效应模型的估计结果,三种消费层次都具有显著的大于零但依次降低的常数项。这说明,样本家庭三种消费层次的分布普遍存在不受外生变量影响的左偏现象,即多数家庭的三种消费层次都高于总样本家庭的平均消费水平。

分析表4.8的检验结果,我们可以得出不同流动性的资产配置对家庭消费结构影响的几点重要结论:

首先,实证研究结果支持了"心理账户"的观点[①],家庭当期收入对家庭消费的正向影响最大,其次是家庭高流动性金融资产,住房资产和负债的影响虽为正向但并不显著,而低流动性金融资产的影响为负向。显而易见,短期内,家庭整体消费水平受家庭面临的流动性约束的影响较大,流动性较低的资产由于变现成本较高,其财富效应并不能得到及时释放。

其次,家庭消费结构中受到金融资产配置影响的主要是家庭非生存型消费,即享受型消费和发展型消费。高流动性金融资产对家庭非生存型消费存在显著的财富效应,并且对享受型消费的促进作用要大于对发展型消费的促进作用;低流动性金融资产对家庭消费则存在挤出效应,并且对发展型消费的挤出效应大于对享受型消费的挤出效应。这说明在双资产理论(two - asset)框架下,家庭在进行资产配置时,面临着流动性与收益性的权衡[②],家庭高流动性金融资产的流动效应和财富效应均比较明显,能够直接刺激非生存型消费,而低流动性金融资产本身存在较强的预防储蓄动机,加上实际资产收益率偏低,其流动效应和财富效应都相对较弱,形成了对当期消费的挤出效应。另外,不同流动性的金融资产对享受型和发展型消费的影响程度表明,家庭高流动性金融

---

① 行为生命周期理论(behavior life hypothesis)引入了心理账户(mental account)的概念,认为家庭消费者会根据财富所得的不同来源将其分为现金收入所得、资产所得和未来收入所得三类账户,相对于资产账户而言,家庭消费者更倾向于通过现金收入账户进行消费。

② Kaplan G, Violante G L. "A Model of the Consumption Response to Fiscal Stimulus Payments", *Econometrica*, vol. 82(04), 2014, pp. 1199 - 1239.

资产的财富效应更可能转化为即期可得的享受型消费，低流动性金融资产的挤出效应则对即期效用偏低的发展型消费更为明显。

最后，家庭住房资产对家庭整体消费结构的影响并不显著，这可能和家庭住房资产所具有的消费与投资的双重属性特征密切相关。对于只有一套房的家庭而言，家庭住房资产更多的是消费品，住房资产价值的波动并不会带来可变现的财富效应，因此很难改变其原有的消费决策。对于无房家庭而言，住房资产成为了一种未来刚性消费品，这种潜在的支出压力会提升家庭的储蓄动机，降低当期的消费水平。一旦住房资产价格上涨，还会加深无房家庭对未来预期的不确定性，导致家庭消费水平进一步受到抑制。对于持有多套房的家庭来说，住房资产则具有一定投资属性，住房资产价格上涨后，家庭无论是获取房租收入还是出售住房资产，都会产生刺激消费的财富效应，促进消费水平的提升。因此，在整体的样本数据中，不同样本家庭的对冲效果可能会导致住房资产对总样本家庭的消费影响并不显著。基于这样的考虑，本章将在下一小节对家庭持有住房资产的多重属性进行更为详细的分样本分析。

2. 模型内生性的讨论

从经典消费理论不难看出，同一时期的家庭资产配置、消费、收入和负债间存在此消彼长的关系。高消费的家庭为了维持较高的消费水平可能会压缩家庭资产投资和储蓄额度，导致消费支出占比较高，家庭的资产和储蓄率水平下降。而低消费家庭消费数额较低，家庭可能有更多的收入用于投资和储蓄。这意味着，公式(4.1)中很可能存在内生性问题。为了解决这一问题，本书引入工具变量的GMM方法，对公式(4.1)进行估计。

在工具变量的设定上，考虑到公式(4.1)中多个解释变量与被解释变量间都可能存在内生性，本书使用被解释变量的工具变量设定新的矩条件。具体而言，本书选择消费总额的滞后一期，即将2014年和2016年的分类后消费总额作为2016年和2018年的分类后消费总额的工具变量。一方面，根据消费粘性概念，家庭消费具有习惯性，这种习惯性是由家庭人口、年龄、收入、支出、资产、负债等多项因素的常态水平共同决定的。因此，家庭上一期的消费与当期多个解释变量间的关系能够在一定程度上解释这种消费习惯。另一方面，家庭上一期的消费显然是既定的历史变量，与当期的模型残差之间不存在联系，后者恰好表明了该工具变量所具有的矩条件。

针对利用工具变量解决内生性问题的效果评价,对于面板模型,一般有两种常规检验方法:(1)判断解释变量是否存在内生性,即 Hausman 检验,检验的原假设为待检验的解释变量是外生的(不存在内生性),检验统计量服从卡方分布;(2)判断工具变量是否是“弱工具变量”,即 Cragg - Donald F(C - D F)检验,检验的原假设为工具变量在模型中的解释力是弱的,检验统计量服从 F 分布。

表4.8 中列示的模型估计和检验结果都是基于上述工具变量选取和 2SLS 方法得到的。其中,Hausman 统计量都大于对应自由度的卡方分布临界值,表明模型的多个解释变量存在与被解释变量间的内生性;C - D F 统计量都大于对应自由度的 F 分布临界值,表明工具变量在模型中的解释力较强。

3. 估计结果的稳健性检验

面板数据可以实现对样本在个体和时间维度上的控制,这种控制,可以理解为事先剔除样本在个体和时间维度上的差异,在公式(4.1)中,这一控制体现为对变量个体效应和年份效应的估计。而计量建模时,常用的稳健性判断方法就是在原模型中加入新的变量,观测加入前后核心解释变量的系数估计结果的差异大小。基于此,本章使用个体效应和年份效应固定前后的模型估计结果,即对比控制前后的面板模型估计结果,以判断模型的稳健性。

对比表4.8 中对同一种消费层次的“无固定”和“双固定”模型的估计结果,核心解释变量和协变量的显著性和正负性保持一致,说明三类消费的模型估计结果都具有稳健性,满足实证分析的稳健性要求。

第三节　住房资产多重属性下金融资产配置效应的比较

根据第二节模型估计结果的分析,本章在总体家庭样本下探讨了不同流动性资产配置对于家庭消费结构的影响效应。在模型设定与分析过程中,样本估计虽然控制了家庭微观个体的特征差异,但对于不同家庭持有住房资产的不同属性未做更为深入的分析。因此,本节将从家庭住房资产多重属性的角度,进一步细化家庭样本,比较不同住房资产属性下家庭金融资产的配置特征。

一、住房资产多重属性的样本选取

从上一节的分析结论中我们已经知道,家庭拥有住房资产的数量决定了该家庭持有住房资产的属性特征,住房资产的消费属性和投资属性也直接决定了家庭所持住房资产对消费的流动效应与财富效应。基于上述考虑,本节设定判断变量 $H1_i$ 和 $H2_i$ 表示样本家庭 i 的住房资产持有情况的分类:

$$H1_i = \begin{cases} 1, \text{样本家庭无房产} \\ 0, \text{其他} \end{cases}, \quad H2_i = \begin{cases} 1, \text{样本家庭有多处房产} \\ 0, \text{其他} \end{cases}$$

这一设定方式来自 CFPS 调查问卷基础数据信息源:$H1_i = 1$ 的样本为调查数据中"*FQ*2"字段取值为 3,4,5,6,7 的家庭[①];$H2_i = 1$ 的样本为调查数据中"FR1"字段为 1 的家庭[②]。于是,当 $H1_i$ 和 $H2_i$ 都等于 0 时,样本家庭 i 仅持有唯一住房资产。在这一分类方法下,2014 年追踪家庭无住房资产的样本量为 791 个,持有唯一住房资产的样本量为 8146 个,持有多套住房资产的样本量为 1656 个。2014 年、2016 年和 2018 年追踪家庭持有住房资产的分布迁徙情况列示于表 4.9 中。

① CFPS 调查问卷中的"*FQ*2"问题为"您家现住房归谁所有?",选项:1. 家庭成员拥有完全产权;2. 家庭成员拥有部分产权;3. 公房(单位提供的房子);4. 廉租房;5. 公租房;6. 市场上租的商品房;7. 亲戚、朋友的房子。

② CFPS 调查问卷中的"*FR*1"问题为"除现住房是否还有其他住房资产?",字段为 1 代表回答"是,有其他住房资产"。

表 4.9 2014 年、2016 年和 2018 年追踪家庭持有住房资产的分布迁徙情况①

		no house	*one house*	*few house*
2014→2016	*no house*	49.94%	32.74%	17.32%
	one house	3.99%	83.51%	12.50%
	few house	5.07%	45.95%	48.97%
2016→2018	*no house*	41.42%	40.42%	18.16%
	one house	3.11%	84.37%	12.53%
	few house	5.09%	44.30%	50.61%
2014→2018	*no house*	34.26%	42.35%	23.39%
	one house	3.84%	81.66%	14.50%
	few house	5.56%	48.85%	45.59%

表 4.9 表明,追踪家庭在四年间的住房资产增持是有限的,多数的基期无住房家庭和持有多套房的家庭都会向持有一套房的状态迁徙,也就是说家庭持有住房资产的最终属性依然是消费属性。为了更清晰地分析家庭持有住房资产数量和住房资产属性的关系,本书将无房和有一套房定义为家庭期望或者持有的住房资产具有消费属性,持有多套房定义为家庭持有的住房资产具有投资属性。因此,本书在将家庭住房资产市值作为解释变量的同时,利用样本分组,考察家庭持有不同属性住房资产对消费结构影响的差异。

考虑到表 4.9 所示的 2014 年至 2018 年追踪家庭样本持有住房资产情况的变化,本章采用动态研究的方法,考察持有不同住房资产的样本家庭在消费结构上的异质性。表 4.10 给出了 2016 年至 2018 年追踪样本家庭三种住房资产持有状态的动态分布情况。

① 家庭分组分为三组:无房(*no house*)、持有一套房(*one house*)、持有多套房(*few house*)

表 4. 10　2016 年至 2018 年追踪家庭不动产持有状态的动态分布情况

		2018		
		no house	*one house*	*few house*
2016	*no house*	333	325	146
	one house	243	6600	980
	few house	100	871	995

由于模型估计时有效样本规模的经验限制(金融资产等自动缺失导致样本无效),本书重点考察在跟踪期限内占样本大多数的未发生住房资产迁徙的三类家庭,即无房、持有一套房以及持有多套房的样本家庭。表 4. 10 中,三类家庭的有效样本数量分别为 333、6600 和 995,其中无房和持有一套房家庭的占比高达 87. 4%,这也说明中国大多数家庭的住房资产表现为消费属性,而非投资属性。

二、模型构建与结果分析

本节的模型构建同公式(4. 1),三类家庭样本及各自的估计和常规检验结果分别列示于表 4. 11、表 4. 12、表 4. 13 中。

表 4. 11 体现了无房家庭资产配置对消费结构影响的估计结果,由于无房家庭并不直接持有住房资产,因此估计结果中没有住房资产市值变动对家庭消费结构的影响,无房家庭主要的资产配置为金融资产。和总样本的估计结果一样,无房家庭这两种金融资产对家庭生存型消费的影响并不显著,其对消费的影响只存在于家庭非生存型消费中,即享受型消费和发展型消费。具体来看,无房家庭低流动性金融资产和高流动性金融资产对家庭消费层次的影响特征也存在较大差异。

表 4.11 稳定的无房家庭的公式(4.1)估计和常规检验结果

	Consume1		Consume2		Consume3	
	无固定	双固定	无固定	双固定	无固定	双固定
$d_{Finance}$	0.0999 (1.4920)	0.1230 (0.3532)	0.1289** (2.2921)	0.0753* (2.0325)	-0.0005 (-0.0135)	0.0012 (0.0357)
$d_{Deposit}$	-0.0561 (-0.9546)	-0.0808 (-0.2104)	-0.0262*** (-3.4246)	-0.1449*** (-5.3520)	-0.0408* (-1.8385)	-0.1105* (-1.8641)
Income	0.3009 (2.5434)	0.0881*** (5.7368)	0.4996** (2.5944)	0.0438** (2.4310)	0.3766** (2.9234)	0.0614** (2.5350)
Debt	0.0032 (0.0643)	-0.0448 (-1.3118)	0.0515 (0.5727)	0.0106 (0.4986)	0.1927* (2.1567)	0.0382** (2.8924)
Amount	0.3013*** (5.0515)	0.8723*** (3.2997)	-0.1129 (-1.4340)	0.1841 (0.8622)	0.1625** (2.4922)	0.6894** (2.9324)
Age	0.1106* (1.8884)	-0.0937 (-1.3940)	0.0050 (0.0645)	-0.1005 (-1.5369)	0.0796* (1.8915)	-0.0092 (-0.1197)
Education	0.2326*** (3.5876)	-0.0500 (-0.7218)	0.0367 (0.5172)	0.0030 (0.0623)	0.0006** (-3.1525)	0.3576** (-2.6276)
Health	-0.0382 (-0.7529)	0.1690 (0.9943)	-0.0792** (-3.1396)	-0.1091** (-2.2914)	0.0037 (0.0781)	0.0843 (0.9071)
Constant	0.0267 (0.5623)	0.1125*** (4.4609)	-0.0346 (-0.7560)	0.0799*** (3.5371)	0.0111 (0.2031)	0.0537 (1.4448)
R^2	0.2808	0.3146	0.1919	0.2283	0.2027	0.2743
Hausman	56.0005	25.3458	23.2691	24.8139	30.3269	17.9043
C-D F	13.2914	12.9780	15.6874	13.6255	10.8335	13.5704

注:“()”中为对应系数估计结果的 t 值;“***”“**”“*”分别标示所属变量在1%、5%、10%置信水平下具有显著性。

观察表 4.11 的估计结果,高流动性金融资产变动对无房家庭发展型消费的影响虽然呈正相关关系,但是并不显著,而对家庭享受型消费呈显著的正相关系,且回归系数为 0.0753,即高流动性金融资产每增加 1%,享受型消费会相应提高 7.5%。而无房家庭当期收入影响享受型消费的弹性系数仅为 0.0438,这也说明无房家庭生活品质的提升受高流动性金融资产变化的影响更大。

低流动性金融资产对无房家庭两类非生存型消费的影响均呈显著的负相关关系，并且这种负向挤出效应的弹性系数分别为 -0.1449 和 -0.1105，即家庭定期储蓄存款每增加1%，会引起无房家庭享受型消费下降14.5%，发展型消费下降11.1%，两个数字均高于总体样本的挤出弹性系数(0.036 和0.105)。这可能和无房家庭存在潜在的购房压力有关，相比于有房家庭而言，无房家庭缺乏住房资产的潜在保障，在家庭教育、医疗以及户籍等方面均会受到更多的限制，对未来存在更高的不确定性预期。强烈的预防储蓄动机会让家庭出现“储蓄买房”的现象，进而抑制了当期的非生存型消费水平。作为无房家庭的未来刚性消费品，住房资产价格的上涨还会使家庭形成未来购房支出增大的预期，也会进一步抑制当期的非生存型消费水平。

无房家庭收入这一协变量的估计结果和总体样本基本一致，收入对无房家庭的三种消费层次也都呈现显著的正向影响。与总体样本不同的是，无房家庭负债水平对家庭发展型消费的影响显著为正。这可能是因为无房家庭的负债总额中没有住房贷款，大部分负债的去向不是购买住房资产，而是用于家庭消费。另外，由于无房家庭对未来预期存在更高的不确定性，其负债消费会更偏重于具有远期效用的人力资本等方面的支出，即发展型消费的支出。

在控制变量方面，无房家庭的生存型消费和发展型消费均受到家庭人口规模、家庭平均年龄以及家庭平均学历水平的正向影响，这和实际情况也是基本吻合的。无房家庭的享受型消费则和家庭平均健康水平呈现显著的负相关关系，这是因为通常情况下，家庭成员健康水平的下降会增强家庭的预防储蓄动机。但对于本来就拥有较高储蓄倾向的无房家庭而言，健康水平的下降可能会使其放弃一部分长期储蓄而选择改善短期生活质量，进而提升享受型消费水平。

表4.12 体现了持有一套房的家庭的资产配置影响消费结构的估计检验结果，不难发现，持有一套房的家庭的估计结果和总体样本基本一致。这和样本数据中持有一套房的家庭的较高占比有较大关系。

具体来看，持有一套房的家庭的高流动性金融资产对非生存型消费的影响呈显著的正相关关系，其中高流动性金融资产对于享受型和发展型消费的弹性系数分别为0.0227 和0.0369，即持有一套房的家庭高流动性金融资产每增加1%，会引起家庭享受型消费提升2.27%，发展型消费提升3.69%；代表低流动性金融资产的定期存款对家庭非生存型消费的影响呈显著的负相关关系,其中定期存款增加对享受型和发展型消费的挤出弹性系数分别为 -0.0724 和 -0.0411,即一套房家庭定期存款每增加1%,家庭享受型消费会被挤出7.24%,发展型消费会被挤出4.11%;而住房资产市值的变化对持有一套房的家庭的消费结构影响在统计上也并不显著,这和总体样本的分析结果也是一致的,说明持有一套房的家庭的住房资产具有明显的消费属性,当住房资产作为消费品时,住房资产增值的财富效应并不明显。

表4.12 稳定的持有一套住房资产家庭的公式(4.1)估计和常规检验结果

	Consume1		*Consume2*		*Consume3*	
	无固定	双固定	无固定	双固定	无固定	双固定
$d_{Finance}$	-0.3116 (-1.1895)	0.0378 (0.7867)	0.0060* (1.8246)	0.0227** (2.2413)	0.0048* (1.8949)	0.0369*** (5.4880)
$d_{Deposit}$	0.1068 (0.4461)	-0.0831 (-1.6228)	-0.0184* (-1.9515)	-0.0724** (-2.7126)	-0.0107*** (-3.8858)	-0.0411** (-2.7140)
$d_{Realestate}$	0.0616 (0.4613)	0.0459 (0.7334)	0.1605 (1.0740)	-0.1137 (-0.7889)	0.0475 (1.2065)	0.1419 (1.3317)
Income	0.4929 (1.0444)	0.1016 (1.1438)	0.3736*** (6.4027)	0.0291** (2.1293)	0.1506*** (3.9474)	0.0564*** (11.2810)
Debt	-0.0277 (-0.4117)	0.0537 (1.1740)	-0.0065 (-0.1097)	0.0126 (0.1671)	0.0381 (0.5455)	0.1083 (0.6911)
Amount	0.1653*** (7.9190)	0.1564* (2.1774)	-0.0074 (-0.3810)	0.0405 (1.0007)	0.0681*** (3.7491)	0.0684 (1.0928)
Age	-0.0373** (-2.7951)	-0.0393* (-1.8151)	-0.0776*** (-4.5084)	-0.0014 (-0.0715)	0.0078 (0.5004)	-0.0578 (-1.4472)
Education	0.0800*** (3.3009)	0.0174 (0.8498)	0.1073*** (5.0515)	0.0174 (0.8632)	0.0112* (0.6452)	-0.0293 (-0.9442)
Health	-0.0272 (-1.7929)	-0.0178 (-0.8849)	0.0278 (1.6917)	-0.0019 (-0.1098)	0.0158 (3.8936)	0.0471 (1.8600)
Constant	0.0384** (2.3467)	0.1577*** (7.4841)	0.0085 (0.6234)	0.1731*** (16.9137)	-0.0305* (-1.9684)	-0.0030 (-0.1771)

续表

R^2	0.2990	0.3392	0.2772	0.2908	0.0811	0.1017
Hausman	67.3656	22.1030	41.9543	46.4002	35.5406	38.2551
C-D F	14.7957	16.0949	13.8236	16.2785	6.5902	9.0336

注:"( )"中为对应系数估计结果的 t 值;"***""**""*"分别标示所属变量在1%、5%、10%置信水平下具有显著性。

家庭收入和负债这两个协变量对消费结构的影响基本和总样本模型估计结果一致,即收入对三种消费层次均有正向影响,而负债的影响均不显著。在控制变量方面,持有一套房的家庭的生存型消费受到家庭人口数和平均学历水平的正向影响。受到家庭平均年龄和健康水平的负向影响;发展型消费受到家庭人口规模的正向影响。此外,享受型消费和发展型消费也都受到家庭平均学历水平的正向影响。由此,我们发现持有一套房的家庭特征变量的估计结果和总体样本家庭的估计结果也保持了较高的一致性。根据表4.10的样本数据不难发现,这是由于持有一套房的家庭在总样本家庭中的占比较高,这也说明中国大部分家庭的住房资产属性为消费属性。

表4.13 稳定的持有多套住房资产家庭的公式(4.1)估计和常规检验结果

	*Consume*1		*Consume*2		*Consume*3	
	无固定	双固定	无固定	双固定	无固定	双固定
$d_{Finance}$	-0.0641 (-1.4052)	-0.0337 (-1.4553)	0.0980*** (4.3920)	0.1183*** (4.2256)	0.0074** (2.5352)	0.0426* (1.8750)
$d_{Deposit}$	0.0816 (0.5734)	0.0303 (0.5988)	-0.0040 (-0.1086)	-0.0222 (-0.5175)	-0.0139 (-0.2041)	-0.1909 (-0.3413)
$d_{Realestate}$	0.0850 (0.5882)	0.0096 (0.7548)	0.1003* (2.0384)	0.0224* (2.1353)	0.0558* (1.5841)	0.0260* (1.0834)
Income	0.5345 (1.3855)	0.0391 (0.6111)	0.5298*** (5.6978)	0.1907* (1.9659)	0.2003** (2.5415)	0.0450* (1.9255)
Debt	0.0314 (0.7618)	-0.0990 (-0.7004)	-0.2246** (-2.4933)	-0.2653* (-2.0662)	-0.0069* (-1.8879)	-0.0419* (-1.9085)
Amount	0.1596*** (4.1173)	0.2589 (1.7614)	0.0118 (0.3112)	-0.3211 (-1.5678)	0.0326 (0.7760)	-0.0929 (-0.6741)

续表

Age	-0.0174 (-0.5189)	0.0097 (0.3516)	0.0817** (2.3069)	0.0782** (2.5573)	0.0035 (0.1152)	-0.0235 (-0.8653)
Education	0.0456 (1.3156)	0.0138 (0.6003)	0.1276*** (3.2863)	0.0365* (1.8140)	0.0389 (1.0917)	-0.0121 (-0.2894)
Health	0.0167 (0.5535)	-0.0319 (-1.1183)	-0.0279 (-0.7910)	0.0169 (0.4500)	0.0272 (0.6335)	0.1649 (1.5070)
Constant	0.0284 (0.9673)	0.1761*** (6.1774)	0.0280 (1.0292)	0.1009** (2.7721)	0.0127 (0.4172)	0.0384 (0.8789)
R^2	0.3393	0.4406	0.3702	0.4318	0.0717	0.1130
Hausman	20.5801	17.7072	25,1479	31.4412	34.8762	45.6721
C-D F	9.7441	4.1064	7.3413	4.2020	16.3881	7.9129

注:“()”中为对应系数估计结果的 *t* 值;“***”“**”“*”分别标示所属变量在 1%、5%、10% 置信水平下具有显著性。

表4.13列示了经中心化后持有多套住房资产家庭的估计和常规检验结果。可以发现,在家庭持有多套住房资产的条件下,高流动性金融资产与非生存型消费呈显著的正相关关系;低流动性金融资产与非生存型消费虽然呈负相关关系,但并不显著;而家庭住房资产价值与非生存型消费呈显著的正相关关系。另外,在协变量方面,持有多套房的家庭的收入和负债对生存型消费没有显著的影响,说明持有多套房的家庭的生存型消费有较高的稳定性,家庭负债对非生存型消费则存在显著的负向影响,这可能和持有多套房的家庭较高的资产负债率有关。① 在控制变量方面,持有多套房的家庭的生存型消费受到家庭人口数的正向影响,享受型消费受到平均年龄和平均学历水平的正向影响,这些结果和实际情况也是基本吻合的。

根据本节对住房资产属性的定义,持有多套房的家庭的住房资产具有一定的投资属性,住房资产的增值对家庭非生存型消费存在财富效应。表4.13的估计结果也支持了存在投资属性的住房资产具有财富效应的观点。在其他条

① 本书通过计算 CFPS 样本数据得出结论:在持有多套房的家庭样本的负债总额中,平均房贷比例为92%,持有一套房的家庭的平均房贷比例则为77%。

件保持不变的情况下，持有多套房的家庭住房资产价值每增加1%，会引起家庭享受型消费提高2.2%，发展型消费提高2.6%。

值得注意的是，持有多套房的家庭高流动性金融资产的变动对享受型消费的弹性系数为0.1183，对发展型消费的弹性系数为0.0426，也就是说高流动性金融资产每增加1%，会引起享受型消费和发展型消费分别提升11.8%和4.3%，这一比例不仅大于持有一套房的家庭和无房家庭的高流动性金融资产对非生存型消费的影响系数，也显著高于住房资产变动对上述两类消费的弹性系数值。通过上述比较，我们可以得出结论：对于持有多套房的家庭而言，住房资产价值的变动对非生存型消费存在财富效应，但住房资产对消费的财富效应明显弱于高流动性金融资产。

三、内生性讨论与稳健性检验

1. 内生性讨论

表4.11、4.12和4.13中列示的模型估计和检验结果都是在被解释变量的滞后一期为工具变量的2SLS方法下得到的。其中，Hausman统计量都大于对应自由度的卡方分布临界值，表明模型的多个解释变量存在与被解释变量间的内生性；C－D F统计量都大于对应自由度的F分布临界值，表明工具变量在模型中的解释力较强。

2. 稳健性检验

对比表4.11、4.12和4.13中对同一类消费的“无固定”和“双固定”模型的估计结果，核心解释变量和协变量的显著性和正负性保持一致，说明三类消费的模型估计结果都具有稳健性，满足实证分析的稳健性要求。

本章的实证结果表明，不同流动性的资产变动对消费的影响只作用于非生存型消费(享受型消费和发展型消费)。在具体资产类别的影响效应方面，高流动性金融资产与非生存型消费存在显著的正相关关系；低流动性金融资产与非生存型消费存在显著的负相关关系；家庭住房资产对非生存型消费的影响则不显著。由于家庭住房资产存在消费和投资双重属性，为了区分这两种属性对家庭消费的差异化影响,本章根据家庭持有住房资产数量的不同确定其不同的住房资产属性。对于无房家庭和持有一套房的家庭,住房资产价值变动表现为消费属性;对于持有多套房的家庭,住房资产价值变动则表现为投资属性。分样本的实证结果表明,当住房资产表现为消费属性时,住房资产对非生存型消费并没有显著的影响;当住房资产表现为投资属性时,住房资产对非生存型消费具有显著的正向影响,但影响强度明显弱于高流动性金融资产。

本章的研究结果表明,家庭金融资产配置的变化对非生存型消费的影响更为明显。在资产配置结构中,高流动性金融资产具有一定收益性,对非生存型消费的财富效应更为明显;低流动性金融资产作为家庭用于平滑未来不确定性消费的储蓄资产,实际收益率较低,对非生存型消费的影响表现为挤出效应。而在样本跟踪时间段内,家庭住房资产虽然具有较高的资产收益率,但当其表现为消费属性时,对非生存型消费的财富效应并不显著。只有住房资产表现为投资属性时,住房资产价值的变动才具有一定的财富效应,并且财富效应要明显小于高流动性金融资产。由此,我们也可以得到一个重要的推论,即家庭资产变动产生的财富效应需要资产的流动性支持,当资产变现成本较高或无法变现的时候,资产配置的潜在财富效应将无法有效转化为实际消费。高流动性金融资产兼具收益性和流动性的特征对于改善家庭消费层次,提升消费水平具有重要意义。随着互联网数字技术的普及,互联网使用与金融市场的深度融合为微观家庭配置更多的高流动性金融资产创造了条件。关于家庭微观主体通过互联网使用改善家庭金融资产配置结构,实现家庭消费升级的内容,将在下一章进一步讨论。

第五章　互联网使用与家庭消费升级：金融资产配置的中介效应

随着互联网技术和大数据应用的快速发展,互联网经济成为推动产业发展和社会进步的重要力量,微观家庭的互联网使用对金融资产配置和家庭消费决策也产生了重要的影响。基于第三章互联网使用通过金融资产配置影响家庭消费升级的理论模型,本章将用实证方法进一步检验这一影响路径是否存在。

从静态资产存量变化来看,根据第四章的实证结果,金融资产的变动会通过资产流动效应和财富效应对非生存型消费发挥作用。随着互联网使用程度的加深,不仅家庭持有各类金融资产的总量会相应地发生变化,金融资产配置结构也会随之发生动态变化,这种内在结构的相互作用会影响金融资产配置对家庭消费升级的财富效应。

本章将采用 2014 年至 2018 年的 CFPS 数据中关于互联网字段的样本,深入研究上述问题,具体研究过程和方法如下:首先,通过中介效应分析方法,对互联网使用影响家庭消费升级的直接效应,以及其通过金融资产配置影响家庭消费升级的间接效应进行检验;其次,将家庭住房资产作为低频交易的外生静态变量,利用调节效应分析法,进一步考察在互联网使用的影响下,家庭住房资产变动对高流动性金融资产和低流动性金融资产的调节效应;最后,根据样本家庭城乡结构的差异,探讨上述实证结果的家庭异质性特征。

第一节　研究方法的选择

中介效应分析在许多领域都有广泛的应用,它可以分析变量之间影响的过程和机制,相对于回归分析,更适用于分析微观家庭的大样本数据,能够得到比较深入的研究结果。近10年,随着中介效应分析法的广泛应用,模型设计和检验方法进一步发展,为分析更为复杂的微观家庭数据提供了有效方法。本章旨在检验互联网使用影响家庭消费升级过程中资产配置的中介效应,为了细化资产配置结构的内在联系,实证分析将会借鉴心理学、社会学等学科的研究方法,利用多重中介以及带调节的中介分析法进行相关的估计和检验。

一、多重中介效应分析方法

假设研究被解释变量(Y)和解释变量(X)的关系,如果 X 的变化直接引起了 Y 的变化,这种影响就是 X 对 Y 的直接效应;如果 X 是通过 W 来影响 Y 的变化,即 X 的变化造成 W 的变化,W 的变化又造成 Y 的变化,W 就是中介变量,这种影响机制就是中介效应,中介效应属于间接效应。

借鉴温忠麟、张雷和侯杰泰等人关于中介效应检验的阐释[①],当解释变量 X 唯一,且只存在单一中介变量 W 时,中介效应可用以下方程式表达:

$$Y = i_1 + cX + e_1 \tag{5.1}$$

$$W = i_2 + aX + e_2 \tag{5.2}$$

$$Y = i_3 + c'X + bW + e_3 \tag{5.3}$$

假设方程中的所有变量都已中心化(均值为0),Y 与 X 显著相关。公式(5.1)中的 c 代表了解释变量 X 对被解释变量 Y 的总效应;公式(5.2)中的 a 代表了解释变量 X 对中介变量 W 的效应;公式(5.3)中的 c' 反映了控制中介变量 W 后,解释变量 X 对被解释变量 Y 的直接影响,b 反映了控制解释变量 X 后,中介变量 W 对被解释变量 Y 的影响。各效应之间的关系如下:

$$c = c' + ab \tag{5.4}$$

公式(5.4)中,c' 为直接效应,ab 为中介效应,如图5.1所示。

---

① 温忠麟、张雷、侯杰泰等:《中介效应检验程序及其应用》,载《心理学报》2004年第5期。

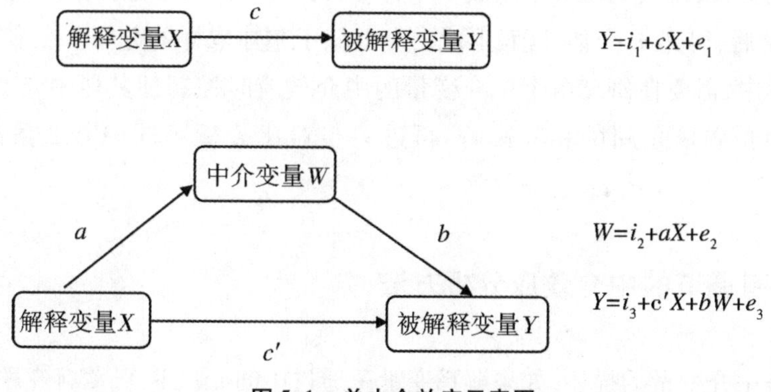

图 5.1　单中介效应示意图

在实际检验中，首先要验证 c 的显著性。在 c 显著的前提下，如果 a 和 b 都显著，则证明 X 对 Y 的影响至少有部分是通过 W 作为中介实现的，进一步验证 c'。若在控制了路径 a 和路径 b 后，路径 c' 的效应不显著，则 $X \rightarrow W \rightarrow Y$ 表现为完全中介效应，即 X 对 Y 的影响完全通过 W 实现；若 c' 的效应显著，则表现为部分中介效应，即 X 对 Y 的影响有一部分是直接的，还有一部分是通过 W 间接实现的。如果 a 和 b 不都显著，则需要进行 Sobel 检验，公式如下：

$$z = ab / \sqrt{b^2 s_a^2 + a^2 s_b^2} \tag{5.5}$$

在单中介效应检验的基础上，多重中介效应检验就是增加中介变量的数量，在验证各个中介变量与解释变量、被解释变量的关系以外，还要考虑验证中介变量之间的相互影响。图 5.2 列示的就是包含了 1 个被解释变量、1 个解释变量和 2 个中介变量的多重中介效应检验。

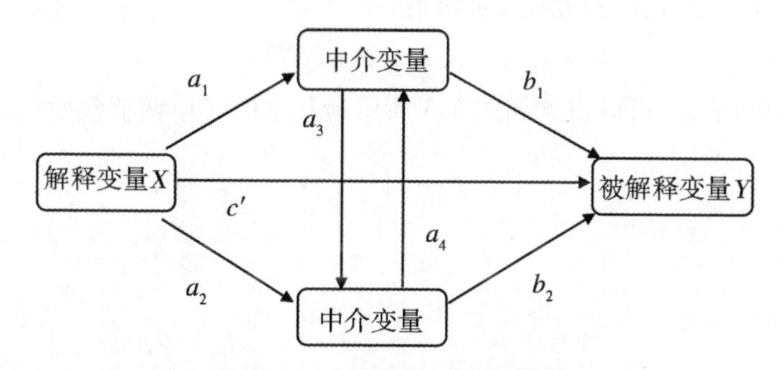

图 5.2　多重中介效应示意图

对于多重中介效应的检验，一般采用 Bootstrap（自举程序）方法。该方法假设不存在正态分布，用经验抽样分布代替整体分布进行参数估计，即在样本中进行放回抽样,每次抽取 n 个组成 1 个样本,计算出 1 个间接作用估计值,反复进行 m 次后,得到 m 个估计值,形成一个近似于整体取样的分布。在多重中介效应检验中,需要在研究单个中介变量的中介效应时控制住其他中介变量,也要检验中介变量之间的相互影响,再进一步对比分析不同中介变量的作用程度。

二、有调节的中介效应分析方法

依据中介变量的描述,如果解释变量 X 通过中间变量 W 来影响被解释变量 Y,这时候 W 就是中介变量,中介效应研究的目的是寻找 X 影响 Y 的中间路径。如果解释变量 X 与被解释变量 Y 的关系还受到第三个变量 U 的作用,这时 U 就是这个影响关系的调节变量,U 会改变解释变量 X 对被解释变量 Y 的影响方向和影响程度,有调节的中介效应分析的目的是研究 X 什么时候会影响到 Y 或者什么时候对 Y 的影响程度较大。

假如一个模型的变量总数超过了 3 个,这其中有可能同时包括中介变量和调节变量,而这两类变量所处的位置和影响效果的不同会导致其产生不一样的模型。有调节的中介模型(Moderated Mediation Model)就同时包括了中介变量和调节变量,解释变量能够通过中介变量影响被解释变量,而中介变量发挥作用的过程还会受到调节变量的外生调节作用的影响。[①] 调节变量可在同一时间调节间接效应和直接效应,通过检验直接效应是否受到调节,可以得到通用的回归方程(即 Y 对 X,U 和 UX 的回归):

$$Y = c_0 + c_1X + c_2U + c_3UX + e_1 \tag{5.6}$$

根据回归结果,可以得到如图 5.3 所示最基本的简单调节模型示意图。

① 温忠麟、张雷、侯杰泰:《有中介的调节变量和有调节的中介变量》,载《心理学报》2006 年第 3 期。

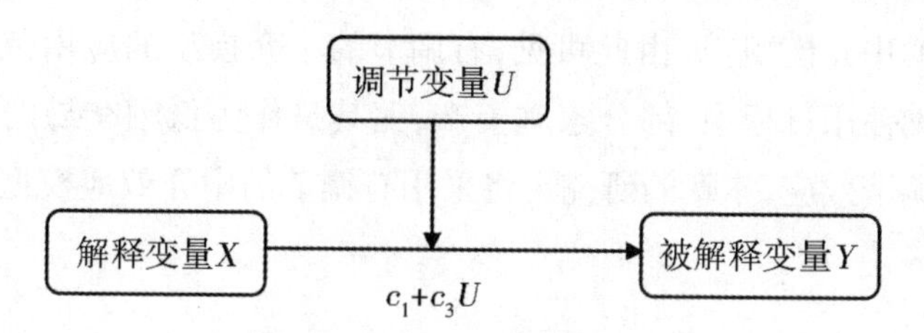

图 5.3　简单调节模型示意图

如果 c_3 显著,则应当考虑调节了直接效应的模型到如下回归方程(即 W 对 X,U 和 UX 的回归):

$$W = a_0 + a_1X + a_2U + a_3UX + e_2 \tag{5.7}$$

$$Y = c'_0 + c'_1X + c'_2U + b_1W + b_2UW + e_3 \tag{5.8}$$

由公式(5.7)可知,X 对 W 的效应为 $a_1 + a_3U$,同理,由公式(5.8)可知,W 对 Y 的效应为 $b_1 + b_2U$。进一步,将公式(5.7)中的 W 带入公式(5.8)可得 X 经过 W 对 Y 的中介效应为$(a_1 + a_3U)(b_1 + b_2U)$。图 5.4 为调节了中介过程的前后路径和直接路径的示意图。

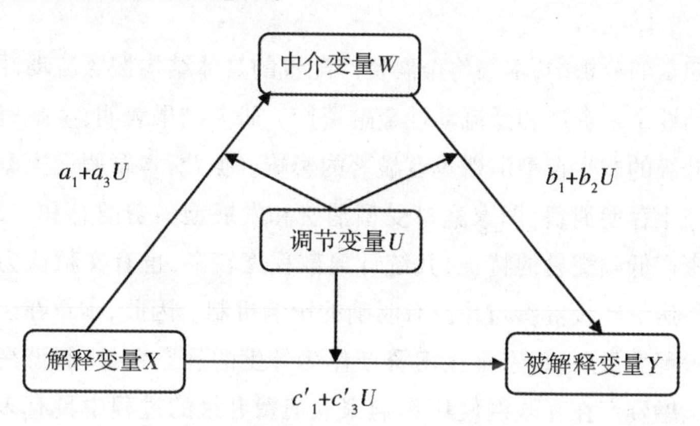

图 5.4　调节了中介过程的前后路径和直接路径的示意图

根据温忠麟、叶宝娟的研究结论,如果公式(5.6)中的 c_3 显著,那么实际建模时可以选择构建有中介的调节模型,也可以选择构建有调节的中介模型,并且两个模型的路径传导图是相同的;如果公式(5.6)中的 c_3 不显著,那么就只能构建有调节的中介模型。[①] 由此可见，有调节的中介模型的应用范围更广。考虑到在互联网使用过程中，部分家庭资产，尤其是作为低频交易的静态住房资产可能存在调节效应，本章的研究也将采用有调节的中介效应模型进行实证估计和检验。

第二节 模型构建与数据处理

根据第三章机理分析的结果，本书认为金融资产配置在互联网使用对家庭消费升级的影响过程中存在多重中介效应，并且金融资产内部结构之间存在家庭住房资产的调节效应。据此，本节采用相应的检验方法进行研究假设和基本模型的设定，并结合样本数据确定变量指标和测度方法。

一、主要研究假设

在第四章的分析中，本书将金融资产配置的具体结构按照流动性的差异区分为高流动性金融资产和低流动性金融资产。研究结果表明，金融资产配置对体现消费升级的非生存型消费具有显著的影响。据此，本章假设家庭消费升级的内容为非生存型消费，即家庭享受型消费和发展型消费的总和。此外，由于家庭住房资产低频交易的特征，其统计离散程度较高，也有文献认为互联网使用对家庭住房资产投资参与并没有明确的影响机制。因此，本章在引入互联网使用作为解释变量后，将家庭住房资产作为外生的静态变量，假设高流动性和低流动性金融资产在互联网使用影响家庭消费升级的过程中具有多重中介效应，家庭住房资产在互联网使用对家庭消费升级的直接影响路径和间接影响路径上产生调节效应。

为了详细分析不同流动性金融资产的多重中介效应，以及住房资产的调节效应，本章假设互联网使用与家庭非生存型消费和金融资产（高流动性和低流动性）的关系都是单向的，金融资产（高流动性和低流动性）与家庭非生存型消

---

① 温忠麟、叶宝娟：《有调节的中介模型检验方法：竞争还是替补?》，载《心理学报》2014 年第 5 期。

费的关系也是单向的,高流动性金融资产和低流动性金融资产之间可能存在双向关系,家庭住房资产在互联网使用的直接路径和多重中介路径上可能存在调节效应。

因此,本章模型中设定互联网使用为解释变量,非生存型消费为被解释变量,金融资产分配为两个中介变量(高流动性和低流动性),住房资产为调节变量,得到的影响路径和假设条件如图 5.5 所示:

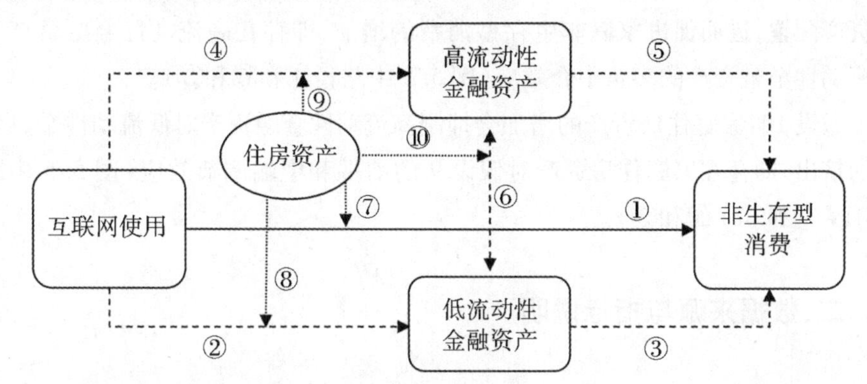

图 5.5 互联网使用对家庭消费升级的有调节的多重中介效应示意图

假设 1:互联网使用能够直接促进家庭非生存型消费,即互联网使用对消费升级存在直接效应(图 5.5 中路径①)。

假设 2:家庭住房资产的增加会抑制互联网使用的直接效应,即住房资产对假设 1 存在调节效应(图 5.5 中路径①+⑦)。

假设 3:互联网使用通过降低低流动性金融资产配置进而促进家庭非生存型消费,即存在低流动性金融资产的中介效应(图 5.5 中路径②和③)。

假设 4:家庭住房资产的增加会抑制互联网使用对低流动性金融资产的负向作用,即存在住房资产对假设 3 的前端调节效应(图 5.5 中路径②+⑧和③)。

假设 5:互联网使用通过提升高流动性金融资产配置进而促进家庭非生存型消费,即存在高流动性金融资产的中介效应(图 5.5 中路径④和⑤)。

假设 6:家庭住房资产的增加会抑制互联网使用对高流动性金融资产的正向作用,即存在住房资产对假设 5 的前端调节效应(图 5.5 中路径④+⑨和⑤)。

假设 7:互联网使用通过减少低流动性金融资产配置间接提升高流动性金

融资产配置，进而促进家庭非生存型消费的增加，即存在低流动性金融资产对高流动性金融资产的多重中介效应（图 5.5 中路径②和⑥和⑤）。

假设 8：家庭住房资产的增加会抑制低流动性金融资产向高流动性金融资产转化，即存在家庭住房资产对假设 7 的前端和中端调节效应（图 5.5 中路径② + ⑧和⑥ + ⑩和⑤）。

假设 9：互联网使用通过提升高流动性金融资产配置间接降低低流动性金融资产配置，进而促进家庭非生存型消费的增加，即存在高流动性金融资产对低流动性金融资产的多重中介效应（图 5.5 中路径④和⑥和③）。

假设 10：家庭住房资产的增加会抑制高流动性金融资产对低流动性金融资产的挤出，即存在家庭住房资产对假设 9 的前端和中端调节效应（图 5.5 中路径④ + ⑨和⑥ + ⑩和③）。

二、数据来源与指标说明

由于构建中介模型需要大量的样本数据，相对于宏观数据而言，微观家庭的大样本数据更有利于保证模型估计的准确性。因此，本章使用 CFPS 数据库中 2014 年、2016 年、2018 年的数据集进行实证分析。该项数据中有手机和互联网模块，在互联网信息问卷设置上较为全面，如“互联网的使用频率”、“业余上网时间”、“网上购物花费”、“互联网作为信息渠道的重要程度”等与互联网使用直接相关的问题。在 CFPS 数据库中，家庭资产配置和消费相关数据均来自家庭问卷，而互联网数据来自成人问卷。因此，为统一实证样本，本章建模前须对问卷结果进行匹配，先对成人数据按照成人 id 所属家庭匹配到 10593 个追踪家庭样本上，再根据受访成人数量对字段信息进行平均化处理。由于“使用互联网 ××× 的频率”字段和“互联网作为信息渠道的重要程度”字段为有序分类型数据，在匹配和平均化之前，首先要对这几个字段的信息进行量化。本章使用序数量化方法对各选项进行赋值，赋值映射表列示于表5.1中。

表 5.1　与互联网相关的调查字段信息量化赋值映射表

使用互联网 ××× 的频率		互联网作为信息渠道的重要程度	
选项	赋值	选项	赋值
从不	1	非常不重要	1
几个月一次	2	不重要	2
一月一次	3	一般重要	3
一月 2 ~ 3 次	4	重要	4
一周 1 ~ 2 次	5	非常重要	5
一周 3 ~ 4 次	6	—	—
几乎每天	7	—	—

本章的分析将引入互联网使用作为解释变量,家庭非生存型消费为被解释变量,以金融资产(高流动性和低流动性)配置作为中介变量。同时,鉴于家庭住房资产的特殊性质和持有形式,本章将家庭住房资产作为调节变量引入模型,探讨互联网使用引致的金融资产配置动态调整对家庭消费升级的影响。现就主要变量的指标选取和测度方法及相关统计特征进行说明。

1. 被解释变量

第四章家庭消费结构的聚类分析已经表明家庭的生存型消费具有较强的稳定性,金融资产配置对其并没有显著影响。同时,基于家庭消费升级的研究目的,本章将受金融资产配置影响较为显著的家庭非生存型消费作为研究的被解释变量,在统计上表现为样本数据中家庭享受型消费和发展型消费的总和。

2. 解释变量

互联网使用是本章实证研究的解释变量。在与家庭资产配置有关的其他互联网的研究中,互联网使用有多种衡量方式,包括微观指标与宏观指标。由于宏观指标在构建中介模型时缺乏足够的样本量,估计结果的准确性往往得不到保证。考虑到研究对象的样本量,以及细分数据的真实性和指标度量的说服力,本书采用的是 CFPS 数据库微观家庭样本的互联网统计指标,为了更直观地呈现家庭互联网使用的特点,表 5.2 分别列出了 CFPS 数据库中家庭互联网使用信息的基本统计描述。从中不难看出,家庭互联网使用的频率、时长和重要程度的均值大体呈现上升趋势(使用互联网学习的频率、过去 12 个月网上购物花费除外)。

表 5.2　追踪家庭互联网相关调查信息的基本统计描述

字段名	含义	年份	样本量	均值	标准差
ku701	使用互联网学习的频率/次	2014	3934	2.2151	1.7126
		2016	6438	2.1534	1.6726
		2018	7027	2.3701	1.6980
ku702	使用互联网工作的频率/次	2014	3934	1.8748	1.8294
		2016	6438	1.9188	1.8092
		2018	3429	2.4233	2.0994
ku703	使用互联网社交的频率/次	2014	3934	2.9599	1.8250
		2016	6438	3.6326	1.9111
		2018	7022	4.0463	1.9175
ku704	使用互联网娱乐的频率/次	2014	3934	2.9862	1.8202
		2016	6438	3.3630	1.8602
		2018	7024	3.8470	1.8684
ku705	互联网商业活动的频率/次	2014	3934	1.4171	1.2772
		2016	6438	1.7238	1.3578
		2018	7023	2.2079	1.5381
ku7051	过去 12 个月网上购物花费/元	2014	2163	2351.00	32488.07
		2016	4227	3110.10	37149.79
		2018	6461	2393.94	18954.97
ku250m	周业余上网时间/小时	2014	4462	6.9912	7.4165
		2016	6437	8.0970	8.0063
		2018	10351	11.5562	6.0941
ku802	互联网作为信息渠道的重要程度	2014	7720	2.0620	1.1370
		2016	10505	2.3186	1.2006
		2018	10327	2.7120	1.2746

注:字段 ku701、ku702、ku703、ku704、ku705 和 ku802 的统计描述基于这些字段信息经序数赋值量化和家庭内平均后的数据获得。

本章借鉴湛泳、徐乐以及毛宇飞、曾湘泉、胡文馨的做法①②，将互联网使用的代理变量分为两个层次，第一个层次为业余上网时间，第二个层次为互联网作为信息渠道的重要程度，分别构建两个代理变量：互联网使用时间与互联网信息重要程度。互联网使用时间的衡量方法为问卷中问题“周业余上网时间/小时”，属于连续的客观变量，并且该指标剔除了家庭成人在工作时间使用互联网的被动需求，可以更好地反应家庭主动使用互联网的时间，体现了家庭互联网使用的广度。调查问卷中关于“互联网信息重要程度”的回答是用序数赋值来表示的，属于非连续的主观变量，如表5.1所示，该变量可以很好地反映家庭对互联网信息的依赖程度③，体现家庭互联网使用的深度。

3. 中介变量

本章研究的中介变量是家庭金融资产配置结构中按照流动性区分的高流动性金融资产和低流动性金融资产。对于家庭而言，金融资产配置是相对高频的资产选择行为，在样本统计上具有连续性。同时，为了和当期的消费流量指标相匹配，本章金融资产配置的指标选取方法同第四章。

4. 调节变量

家庭住房资产由于具有特殊的属性和相对低频的交易方式，在大部分条件下被视作非连续的外生静态变量。同时，作为家庭资产配置的一部分，住房资产特殊的存在形式成为家庭经济决策的重要约束条件。因此，本章的研究是将样本数据中家庭住房资产的存量指标作为互联网影响金融资产配置，并对家庭消费升级产生作用的调节变量。

综上所述，本章所包含的被解释变量、解释变量、中介变量、调节变量以及控制变量的定义如表5.3所示。其中控制变量、金融资产配置和家庭特征变量

---

① 湛泳、徐乐：《“互联网+”下的包容性金融与家庭创业决策》，载《财经研究》2017年第9期。

② 毛宇飞、曾湘泉、胡文馨：《互联网使用能否减小性别工资差距？——基于CFPS数据的经验分析》，载《财经研究》2018年第7期。

③ 王智茂、任碧云、王鹏：《互联网信息依赖度与异质性家庭消费：金融资产配置的视角》，载《管理学刊》2020年第2期。

的相关统计描述同第四章,已列示于表4.7中。

表5.3 互联网使用、金融资产配置与家庭消费升级变量定义表

<table>
<tr><th colspan="3">变量名称</th><th colspan="2">变量代码</th><th>变量赋值(以家庭为单位)</th></tr>
<tr><td rowspan="2">被解释变量</td><td rowspan="2">非生存型消费</td><td>享受型消费</td><td rowspan="2">Consume'</td><td>Consume2</td><td>年享受型消费支出/元</td></tr>
<tr><td>发展型消费</td><td>Consume3</td><td>年发展型消费支出/元</td></tr>
<tr><td rowspan="2">解释变量</td><td rowspan="2">互联网使用</td><td>上网时长</td><td rowspan="2">Internet</td><td>Time</td><td>人均每周上网时间/小时</td></tr>
<tr><td>重要程度</td><td>Importance</td><td>设置选项1~5,1非常不重要,5非常重要</td></tr>
<tr><td rowspan="2">中介变量</td><td colspan="2">高流动性金融资产</td><td colspan="2">d_{Finance}</td><td>年金融资产(除定期存款)增额/元</td></tr>
<tr><td colspan="2">低流动性金融资产</td><td colspan="2">d_{Deposit}</td><td>年定期存款增额/元</td></tr>
<tr><td>调节变量</td><td colspan="2">住房资产</td><td colspan="2">Realestate</td><td>年住房资产市场价值/元</td></tr>
<tr><td rowspan="6">控制变量</td><td colspan="2">家庭收入</td><td colspan="2">Income</td><td>年工资性收入/元</td></tr>
<tr><td colspan="2">家庭负债</td><td colspan="2">Debt</td><td>年负债余额/元</td></tr>
<tr><td colspan="2">家庭人口规模</td><td colspan="2">Amount</td><td>所有居住在一起的人数</td></tr>
<tr><td colspan="2">年龄</td><td colspan="2">Age</td><td>受访者年龄</td></tr>
<tr><td colspan="2">教育水平</td><td colspan="2">Education</td><td>受访者学历水平</td></tr>
<tr><td colspan="2">健康状况</td><td colspan="2">Health</td><td>选项设置1~5,1很不健康,5很健康</td></tr>
</table>

三、实证模型构建

为了检验前述10个假设是否存在,本章使用追踪家庭2016年和2018年的数据构建如下几个模型:

$$Consume'_i = \alpha_0 + (\alpha_1 + \alpha Realestate_i) Internet_i + A \cdot Controls_i' \tag{5.9}$$

$$d_{\text{Finance}\,i} = \beta_0 + (\beta_1 + \beta Realestate_i) Internet_i + B \cdot Controls_i' \tag{5.10}$$

$$d_{\text{Deposit}\,i} = \gamma_0 + (\gamma_1 + \gamma Realestate_i) Internet_i + G \cdot Controls_i' \tag{5.11}$$

$$\begin{aligned} d_{\text{Deposit}\,i} = {} & \omega_0 + (\omega_1 + \omega Realestate_i) Internet_i \\ & + (\omega_2 + \omega\omega Realestate_i) dFinance_i + K \cdot Controls_i' \end{aligned} \tag{5.12}$$

$$d_{Finance\,i} = \varphi_0 + (\varphi_1 + \varphi Realestate_i) Internet_i + (\varphi_2 + \varphi\varphi Realestate_i) d_{Deposit\,i} + P \cdot Controls_i' \tag{5.13}$$

$$Consume'_i = \delta_0 + (\delta_1 + \delta Realestate_i) Internet_i + \delta_2 d_{Finance\,i} + \delta_3 d_{Deposit\,i} + D \cdot Controls_i' \tag{5.14}$$

其中,i 代表各时期;非生存型消费(*Consume'*)为被解释变量,为家庭享受型消费(*Consume*2)和发展型消费(*Consume*3)之和;互联网使用(*Internet*)为解释变量,用家庭上网时长(*Time*)和互联网重要程度(*Importance*)的乘积来表示;高流动性金融资产($d_{Finance}$)和低流动性金融资产($d_{Deposit}$)为两个中介变量;住房资产(*Realestate*)为外生的调节变量;控制变量(*Controls*)包括收入(*Income*)、负债(*Debt*)、教育水平(*Education*)、人口(*Amount*)和健康状况(*Health*);*A*、*B*、*G*、*K*、*P*、*D* 分别对应各式中控制变量向量的系数向量。考虑到样本数据的短面板特征,同第四章的处理方法,本章模型设定带有个体固定效应和年份固定效应。

公式(5.9)表示互联网使用对家庭消费升级的总体影响,即假设 1 的直接传导路径。公式(5.10)和公式(5.11)表示互联网使用影响消费升级的另外两条传导路径,即互联网使用增加高流动性金融资产和减少低流动性金融资产的中介效应,代表假设 3 和假设 5 的传导路径。公式(5.12)和公式(5.13)表示除了互联网使用会分别影响不同流动性金融资产的配置外,高流动性金融资产和低流动性金融资产两者之间也存在互相影响的情况,即存在"互联网使用→高流动性金融资产→低流动性金融资产→非生存型消费"和"互联网使用→低流动性金融资产→高流动性金融资产→非生存型消费"的多重中介效应,代表了假设 7 和假设 9 的传导路径。表 5.4 列示了互联网使用到家庭消费升级的五条传导路经及对应假设,即假设 1 的直接传导路径、假设 3 和假设 5 的单中介传导路径以及假设 7 和假设 9 的多重中介传导路径。通过模型估计和显著性检验,我们可以分析出这五条路径的具体传导情况,从而判断出在互联网使用过程中,资产配置结构对家庭消费升级的传导方向和影响程度。

表 5.4 互联网使用影响家庭消费升级的影响路径与传导方向

路径	影响效应	对应假设	建模公式	传导方向
1	直接效应	假设1	公式(5.9)+公式(5.14)	互联网使用→消费升级
2	单中介效应	假设3	公式(5.11)+公式(5.14)	互联网使用→低流动性金融资产→消费升级
3	单中介效应	假设5	公式(5.10)+公式(5.14)	互联网使用→高流动性金融资产→消费升级
4	多重中介效应	假设7	公式(5.11)+公式(5.13)+公式(5.14)	互联网使用→低流动性金融资产→高流动性金融资产→消费升级
5	多重中介效应	假设9	公式(5.10)+公式(5.12)+公式(5.14)	互联网使用→高流动性金融资产→低流动性金融资产→消费升级
1~5	调节效应	假设2,4,6,8,10	公式(5.9)至公式(5.14)	住房资产→路径1~5

值得注意的是,以上各个公式的解释变量系数中均包含了住房资产 *Realestate* 项,参考温忠麟、叶宝娟关于有调节的中介效应模型的相关理论介绍①,这意味着除了上述影响路径中已有的变量外,家庭住房资产也可能会对传导路径产生影响,即住房资产对路径具有调节变量属性。公式(5.9)至公式(5.13)中 *Realestate* 系数的估计结果对应着假设2、假设4、假设6、假设8和假设10关于家庭住房资产对路径1~5的调节效应检验;公式(5.14)中 *Internet*、d_{Finance} 和 d_{Deposit} 的系数估计结果,将用于检验加入调节效应后,互联网使用对家庭消费升级的直接效应和中介效应的总体影响结果。

第三节 实证结果与异质性分析

本章在模型设定的基础上,根据前文所述的有调节的多重中介模型检验方法,对模型进行回归估计和结果检验。首先,考虑到回归结果的准确性和稳定

① 温忠麟、叶宝娟:《有调节的中介模型检验方法:竞争还是替补?》,载《心理学报》2014年第5期。

性，采用“无固定”效应和加入个体效应与年份效应的“双固定”效应进行结果估计；其次，按照依次检验、系数乘积区间检验和中介效应差异检验的顺序，在互联网使用影响家庭消费升级的各条路径中，对金融资产配置的中介效应、调节效应进行分层次检验；最后，基于城乡家庭样本的差异性，进一步对城乡异质性结果进行实证分析。

一、回归估计结果

本章引入互联网使用的因素后，为了测度调节效应的显著性，在进行模型估计前对相关变量均做中心化处理去量纲，即利用中心极限定理将变量约束成标准正态分布。中心化处理后，公式（5.9）至公式（5.14）的“无固定”效应的模型系数估计和常规检验结果列示于表5.5中。

表5.5　“无固定”效应的模型系数估计和常规检验结果

	公式(5.9)	公式(5.10)	公式(5.11)	公式(5.12)	公式(5.13)	公式(5.14)
$Internet_i$	0.2733*** (10.3625)	0.2448* (1.8591)	0.0505 (1.4524)	0.1163** (0.7649)	0.0265** (2.7382)	0.2825*** (5.8362)
$Realestate_i \times Internet_i$	0.0273* (1.8960)	-0.0647** (-2.4720)	0.0556 (0.7893)	-0.1340*** (-1.0427)	-0.0669** (-2.5124)	-0.0116 (-1.9488)
$d_{\text{Finance}\,i}$	—	—	—	-0.0992* (-1.8997)	—	0.0036* (2.0273)
$Realestate_i \times d_{\text{Finance}\,i}$	—	—	—	0.0131* (1.8256)	—	—
$d_{\text{Deposit}\,i}$	—	—	—	—	-0.0205 (-0.4598)	-0.0487** (-2.2058)
$Realestate_i \times d_{\text{Deposit}\,i}$	—	—	—	—	0.0095 (0.4389)	—
$Income_i$	0.1398*** (3.5009)	0.0332* (0.5034)	0.0321* (1.8469)	0.1011** (2.5118)	0.0642 (0.8261)	0.2318*** (4.1424)
$Debt_i$	0.1179*** (6.7588)	0.1540* (1.9613)	-0.0465*** (-3.4116)	-0.0654*** (-3.4662)	0.1300 (0.9510)	0.0411* (2.1036)

续表

	公式(5.9)	公式(5.10)	公式(5.11)	公式(5.12)	公式(5.13)	公式(5.14)
$Amount_i$	0.0650*** (8.1416)	-0.0152 (-0.9914)	-0.0097 (-0.8267)	0.0030 (0.2013)	-0.0142 (-0.7015)	0.0586*** (3.5734)
Age_i	0.0045 (0.6044)	-0.0083 (-0.6764)	-0.0084 (-0.6657)	0.0085 (0.5175)	-0.0029 (-0.1880)	0.0083 (0.5702)
$Education_i$	0.0416*** (4.5963)	-0.0190 (-0.9898)	-0.0033 (-0.2425)	-0.0043** (-2.4792)	-0.0178 (-0.6875)	0.0284 (1.6531)
$Health_i$	-0.0137 (-1.7547)	0.0074 (0.7918)	-0.0153 (-1.3118)	-0.0262* (-1.8701)	0.0111 (1.0937)	0.0006 (0.0467)
Constant	-0.0159* (-2.1888)	-0.0047 (-0.4604)	-0.0183 (-1.6801)	0.0239** (2.0428)	-0.0168 (-1.2717)	-0.0733*** (-7.2467)
R^2	0.0424	0.0175	0.0068	0.0130	0.0157	0.0961
Hausman	21.1024	19.6417	38.0079	26.0045	20.9036	69.0728
C-D F	10.2203	9.7401	10.0233	9.1613	7.1001	10.5609

注:"***""**""*"分别对应1%、5%和10%置信水平下的统计显著性。"()"中列示对应系数显著性检验的t统计量。

根据表5.5,我们首先进行互联网使用对家庭消费升级影响路径的总体判断。对比公式(5.9)至公式(5.14)中核心解释变量、中介变量和调节变量的显著性可以发现,公式(5.9)、(5.10)、(5.12)、(5.14)中各个变量的系数估计均具有统计显著性,但公式(5.11)中互联网使用的系数没有显著性,公式(5.13)中低流动性金融资产的系数也不显著。因此,公式(5.9)、(5.10)、(5.12)代表的路径(假设1、假设5和假设9)得到了实证支持,并对公式(5.14)的总体效应产生了显著影响,而公式(5.11)和公式(5.13)的路径未能获得实证支持。

表5.6 个体效应和年份效应"双固定"模型系数估计和常规检验结果

	公式(5.9)	公式(5.10)	公式(5.11)	公式(5.12)	公式(5.13)	公式(5.14)
$Internet_i$	0.1021* (1.8128)	0.1274* (1.9287)	0.0309 (0.2257)	0.1279* (0.4796)	0.3000** (2.8617)	0.0835*** (5.0543)
$Realestate_i$ $\times Internet_i$	0.0247* (1.7893)	-0.2215** (-2.6470)	0.0305 (0.8255)	-0.0402** (-0.5866)	-0.1679*** (-2.3053)	-0.0183 (-3.4864)

续表

	公式(5.9)	公式(5.10)	公式(5.11)	公式(5.12)	公式(5.13)	公式(5.14)
$d_{\text{Finance}\,i}$	—	—	—	-0.3129 *** (-4.5439)	—	0.2478 * (1.8703)
$Realestate_i \times d_{\text{Finance}\,i}$	—	—	—	0.0261 *** (3.2126)	—	—
$d_{\text{Deposit}\,i}$	—	—	—	—	0.0289 (0.2671)	-0.3818 * (-1.8237)
$Realestate_i \times d_{\text{Deposit}\,i}$	—	—	—	—	-0.0619 (-0.8573)	—
$Income_i$	0.0966 *** (4.1222)	0.1271 * (0.8067)	0.0173 (0.8820)	0.1145 * (1.9675)	0.1342 (0.6703)	0.4237 *** (4.6438)
$Debt_i$	0.0792 *** (4.3927)	0.4864 ** (2.8779)	-0.2282 *** (-5.2606)	-0.4100 *** (-5.2829)	0.4122 * (1.9285)	0.0570 * (1.9119)
$Amount_i$	0.1326 *** (8.6435)	-0.1312 (-1.6006)	0.0109 (0.2671)	0.0507 (0.7120)	-0.1563 (-1.3410)	0.0534 ** (-1.0097)
Age_i	-0.0153 * (-1.8990)	-0.0212 (-0.5699)	0.0037 (0.1544)	-0.0232 (-0.5630)	-0.0196 (-0.4144)	-0.0992 *** (-3.7846)
$Education_i$	0.0261 *** (3.1308)	-0.0120 (-0.2746)	-0.0872 *** (-4.0076)	-0.1045 ** (-2.7064)	-0.0786 (-1.3783)	0.1449 *** (4.5620)
$Health_i$	-0.0142 * (-1.9163)	0.0061 (0.1715)	-0.0795 *** (-3.1370)	-0.0873 * (-1.7991)	0.1017 * (1.8932)	-0.1038 *** (-3.1002)
Constant	0.0049 (1.0297)	-0.0050 (-0.1203)	0.0150 (1.2168)	0.0506 (1.6595)	0.0270 (0.5104)	-0.0845 *** (-3.0691)
R^2	0.0836	0.0199	0.0219	0.019	0.0243	0.1581
Hausman	26.9219	22.4170	46.0508	25.7412	21.0729	97.5893
C-D F	10.0047	50.0011	12.1002	10.5684	11.0451	14.1524

注："***""**""*"分别对应1%、5%和10%置信水平下的统计显著性。"()"中列示对应系数显著性检验的 t 统计量。

如表5.6所示，为了提高模型回归结果的准确性和稳定性，我们加入个体效应和年份效应的双向固定之后再次进行了系数估计和模型检验，发现回归结果和未加入双固定效应时的结果一致。鉴于多重中介影响效应的复杂性，本书假设在单条影响路径中高流动性金融资产和低流动性金融资产两者之间只选择一个方向的影响，也就是说接受假设 9 和假设 10，就意味着拒绝假设 7 和假设 8。对比公式（5.12）中 $d_{\text{Finance}\,i}$ 和 $Realestate_i \times d_{\text{Finance}\,i}$ 以及公式（5.13）中 $d_{\text{Deposit}\,i}$ 和 $Realestate_i \times d_{\text{Deposit}\,i}$ 的系数显著性，可知全量样本下，多重中介的传导方向应该是“高流动性金融资产→低流动性金融资产”，即接受假设 9 和假设 10，拒绝假设 7 和假设 8。这说明，就总体样本而言，互联网使用影响家庭消费升级存在“互联网使用→消费升级”的直接路径、“互联网使用→高流动性金融资产→消费升级”的单中介传导路径以及“互联网使用→高流动性金融资产→低流动性金融资产→消费升级”的多重中介传导路径，而互联网使用通过影响低流动性金融资产，进而改善消费，即“互联网使用→低流动性金融资产→消费升级”的中介传导路径，在统计上并不显著（假设 3），需要后续进行中介效应的进一步检验来验证。

考虑到个体效应和年份效应固定后能够更好地反映互联网使用对家庭决策的影响的共性规律，下面我们围绕公式（5.9）、公式（5.10）、公式（5.12）和公式（5.14），采用“双固定”模型的回归结果对统计显著的路径和总体效果做进一步分析。

公式（5.9）中 α_1 的估计结果表明，互联网使用程度提高能够显著提升家庭非生存型消费水平，促进消费升级。在控制变量方面，家庭收入、负债、人口规模以及受教育水平与家庭非生存型消费存在较为显著的正相关关系，说明收入和信贷水平较高，人口规模较大，受教育程度较好的家庭更能促进消费升级，这和实际情况是一致的；年龄和健康水平则与非生存型消费呈现显著的负相关关系，说明家庭成员随着年龄的增长和健康水平的下降，会降低对消费升级的需求。

公式（5.10）中 β_1 的估计结果表明，互联网使用程度提高能够显著提升家庭高流动性金融资产的增加额。在控制变量方面，家庭收入和负债均与高流动性金融资产存在显著的正相关关系，说明家庭收入和负债规模的增加有助于促进家庭参与金融市场投资，提升高流动性金融资产配置规模。

公式（5.12）中 ω_2 的估计结果表明，高流动性金融资产配置的提高会显著抑制当期低流动性金融资产的增加。控制变量中，家庭收入水平与低流动性金融资产配置呈现正相关关系，家庭负债、受教育水平、健康状况则与低流动性金融资产配置呈现负相关关系，说明较高的偿债压力会使家庭低流动性金融资产配置降低。而受教育水平较低、健康状况较差的家庭由于存在更明显的预防储蓄动机，会促使家庭低流动性金融资产配置提升。

公式(5.14)中δ_1、δ_2和δ_3的估计结果表明，总体而言，互联网使用程度提高、高流动性金融资产配置提升以及低流动性金融资产配置降低都能够促进家庭消费升级。其他控制变量在显著性上和公式(5.9)的结果一致。

二、调节效应和中介效应检验结果

通过表5.6的显著性分析，在全量样本下，我们已经知道互联网使用影响家庭消费升级可能存在的传导路径，即表5.4中的路径1、路径2、路径3和路径5。公式(5.9)、(5.10)、(5.11)、(5.12)、(5.14)共同构成全量家庭样本下带有调节的多重中介模型。参考温忠麟、叶宝娟给出的计算方法，根据表5.6列示的系数估计结果，我们可以估计出上述路径中，除假设7和假设8以外的其他8个假设的影响效应估计值。本书使用双固定模型的估计结果计算上述影响效应，各效应的计算公式及估计结果列示于表5.7中。

表5.7 直接效应、中介效应和调节中介效应计算公式及全量样本下的估计值

假设	计算公式	估计值
1	δ_1	0.0835
2	$\delta_1 + \delta \times Realestate_i$	$0.0835 - 0.0183 \times Realestate_i$
3	$\delta_3\ \omega_1$	-0.0489
4	$\delta_3(\omega_1 + \omega \times Realestate_i)$	$-0.0489 + 0.0153 \times Realestate_i$
5	$\delta_2\ \beta_1$	0.0316
6	$\delta_2(\beta_1 + \beta \times Realestate_i)$	$0.0316 - 0.0549 \times Realestate_i$
9	$\delta_3\ \omega_2\ \beta_1$	0.0152
10	$\delta_3(\omega_2 + \omega\omega\ Realestate_i)(\beta_1 + \beta\ Realestate_i)$	$0.0152 - 0.0277 \times Realestate_i$ $+ 0.0022 \times Realestate2_i$

根据温忠麟、叶宝娟对于调节效应和中介效应的检验方法，本书对上述8个假设的直接效应、中介效应和调节中介效应的显著性检验过程如下：

第一步，根据系数估计的 t 值获得初步显著性结论。

根据表 5.6 中各系数估计的 t 值，可以执行上述对 8 个假设的影响效应显著性的检验。假设中各影响效应涉及的系数 t 的检验 P 值列示于表 5.8 中。

表 5.8 全样本量下各效应涉及的系数的显著性 t 检验结果

系数	δ_1	δ_2	δ_3	δ	ω
P 值	0.0002	0.0841	0.0913	0.2040	0.5675
系数	β_1	β	ω_1	ω_2	$\omega\omega$
P 值	0.0800	0.0227	0.6395	0.0006	0.0068

根据组成各个效应的系数显著性结果，可以直接判断出，假设 1、假设 5、假设 6、假设 9 和假设 10 因各自所涉及的系数全部显著而具有统计显著性（P 值小于 0.1），假设 2、假设 3 和假设 4 的显著性需要通过接下来的补充检验确定。

第二步，利用 *Sobel* 检验和中介效应区间检验方法补充检验显著性。

对于第一步检验中不显著的假设 2（调节中介效应）、假设 3（中介效应）和假设 4（调节中介效应），我们分别使用 Sobel 检验和基于自举法的中介效应差异性检验补充判断其显著性，检验过程和结果列示于表 5.9 中。按照 Sobel 检验结果和区间检验的标准，假设 2、假设 3 和假设 4 的中介效应和调节中介效应均不显著，假设 2、假设 3 和假设 4 没有得到验证。

表 5.9 全样本量下中介效应及调节中介效应显著性的补充检验结果

假设	Sobel 值	P 值	结论	中介效应区间	结论
2	—	—	—	[-0.0133, 0.4197]	不显著
3	0.4638	0.6428	不显著	—	—
4	—	—	—	[-0.0551, 0.5992]	不显著

注：Sobel 检验的 P 值大于 0.05 为不显著，根据中介效应差异性检验的原理，当中介效应区间包含 0 时，调节中介效应不显著。

综上，如图 5.6 所示，在互联网使用对家庭非生存型消费的影响路径中，直接影响效应、高流动性金融资产的中介效应，以及“高流动性金融资产→低流动性金融资产”的多重中介效应都具有显著性，即假设 1、假设 5 和假设 9 得到验证。并且，金融资产的中介效应在影响家庭消费升级的过程中，都分别伴随着住房资产的调节效应，即假设 6 和假设 10 得到验证。在路径方向上，检验通过的影响效应分别对应表 5.4 中的路径 1、路径 3 和路径 5。图 5.6 列示了这三条传导路径的每一个环节中具体的影响程度。

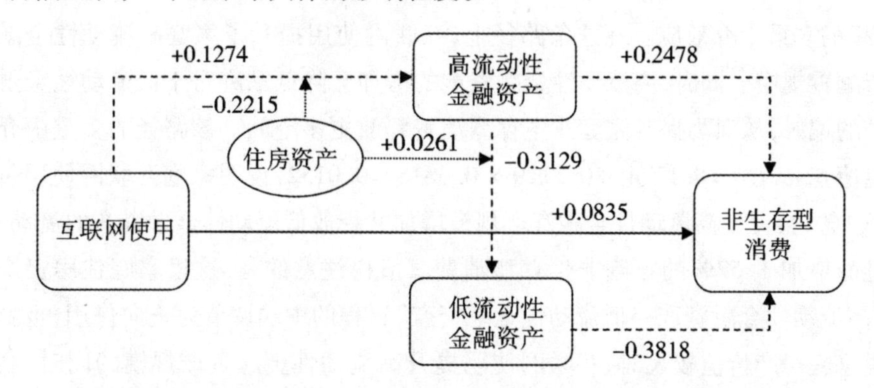

图 5.6　全样本量下互联网使用对家庭消费升级的影响效应传导路径

1. 结果分析

如图 5.6,经过中介效应和调节效应的检验后,在全样本下,互联网使用影响家庭非生存型消费存在三条显著的传导路径,具体影响效应表现如下:

(1)“互联网使用→非生存型消费”的直接效应。家庭在互联网使用过程中,通过信息搜寻直接获取消费升级的信息,改善消费品市场信息不对称问题,使家庭获得更多消费升级的产品和服务,其直接影响效应值 $\delta_1 = 0.0835$,即互联网使用每提升 1%,家庭非生存型消费增加 8.35%。这里我们发现,住房资产在互联使用对家庭消费升级的直接促进作用中并没有明显的调节作用,这和第四章总体样本下住房资产对家庭消费影响的分析结果是一致的,即住房资产增加对家庭消费的直接促进作用并不显著。

(2)“互联网使用→高流动性金融资产→非生存型消费”的中介效应。在这条路径上,互联网使用有助于家庭参与金融市场投资和交易,显著提升了高流动性金融资产的配置规模,高流动性金融资产的流动效应可以使其财富效应充分发挥,进而促进家庭消费升级。高流动性金融资产的中介效应值 $\delta_2 \times \beta_1 = 0.1274 \times 0.2478 = 0.0316$,即互联网使用每提高 1%,家庭非生存型消费增加 3.16%。可以发现,家庭住房资产在互联网使用促进高流动性金融资产配置的过程中存在显著的负向调节作用,这说明家庭过高的住房资产配置会削弱高流动性金融资产的配置规模,从而降低互联网使用通过高流动性金融资产配置促进家庭消费升级的作用。

(3)"互联网使用→高流动性金融资产→低流动性金融资产→非生存型消费"的多重中介效应。在这条路径上,互联网使用提升了家庭高流动性金融资产配置规模。同时,高流动性金融资产的增加会降低家庭对于低流动性金融资产的偏好,从而为提升家庭非生存型消费释放更多空间。该路径的多重中介效应值 $\delta_3 \omega_2 \beta_1 = 0.1274 \times 0.3129 \times 0.3818 = 0.0152$,说明家庭互联网使用每增加1%,会促使高流动性金融资产规模增加并释放低流动性金融资产的流动性,进而增加1.52%的家庭非生存型消费。值得注意的是,这里家庭住房资产对"高流动性金融资产→低流动性金融资产"过程的中端调节为正向作用,也就是说家庭房产价值较大时,互联网使用提升高流动性金融资产规模的同时,会加速削弱家庭的储蓄动机,说明家庭住房资产和低流动性金融资产之间存在一定的替代关系。

参照柳士顺、凌文辁给出的中介效应的比较思路①,利用表5.7中五种显著的影响效应估计结果,还可以得到图5.6所示的互联网使用对家庭非生存型消费影响路径上各路径的传导贡献。由于模型变量都提前进行了中心化处理,所以,这里只计算当家庭住房资产市场价值存量在全量样本的期望水平($Realestate_i = 0$)时各路径的传导贡献。

其中,互联网使用对非生存型消费的直接影响占总影响的比例为:

$$\text{Ratio}_{\text{DE}} = \frac{0.0835}{(0.0835 + 0.0316 + 0.0152)} = 64.08\%$$

互联网使用通过引导高流动性金融资产配置从而刺激非生存性消费的间接影响占总影响的比例为:

$$\text{Ratio}_{\text{IE1}} = \frac{0.0316}{(0.0835 + 0.0316 + 0.0152)} = 24.25\%$$

互联网使用通过引导高流动性金融资产配置从而抑制低流动性金融资产规模,并刺激非生存性消费的间接影响占总影响的比例为:

$$\text{Ratio}_{\text{MIE}} = \frac{0.0152}{(0.0835 + 0.0316 + 0.0152)} = 11.67\%$$

从上面的结果可以看出,互联网使用对家庭消费升级的直接促进作用的占比为64.08%,互联网使用改善金融资产配置结构进而促进家庭消费升级的间

① 柳士顺、凌文辁:《多重中介模型及其应用》,载《心理科学》2009年第2期。

接促进作用占比35.92%。显然，互联网使用的直接效应贡献率要高于金融资产配置的间接效应贡献率。在间接效应中，高流动性金融资产的单中介效应占比24.25%，“高流动性金融资产→低流动性金融资产”的多重中介效应占比11.67%，这说明高流动性金融资产单中介效应的贡献率要高于“高流动性金融资产→低流动性金融资产”的多重中介效应的贡献率。以上结果表明在金融资产配置的总体中介效应中，高流动性金融资产的中介效应占主导地位。互联网使用通过改善金融资产配置促进家庭消费升级的间接影响，主要是通过增加高流动性金融资产配置来实现的。

2. 内生性讨论与稳健性检验

在内生性方面，为了避免上述带有调节作用的多重中介效应模型中互联网使用的代理变量可能存在的内生性问题，本书以“使用互联网学习、工作、社交、娱乐的频率”四个字段的综合变量为工具变量。这里的综合变量是通过对每个观测家庭的上述四个字段初始量化赋值后的数据取线性平均得到的。

表5.5和表5.6中分别给出了以这一综合变量作为工具变量的两种短面板模型GMM估计的Hausman检验和C－D F检验结果。其中，Hausman统计量都大于对应自由度的卡方分布临界值，表明模型的解释变量（互联网使用）与被解释变量（高流动性金融资产、低流动性金融资产和非生存型消费）之间存在内生性；C－D F统计量都大于对应自由度的F分布临界值，表明工具变量在模型中具有较强的解释力。

在稳健性方面，对比表5.5和表5.6“无固定”和“双固定”模型的估计结果，核心解释变量的显著性和正负性保持一致，模型估计结果满足实证分析的稳健性要求，说明上述有调节的多重中介模型发现的互联网使用影响家庭消费升级的金融资产配置路径是稳定存在的。

三、城乡家庭异质性分析

通过对总体样本的分析，我们对互联网使用通过金融资产配置影响家庭消费升级的整体传导路径有了更为清晰的认识。但是，中国城乡二元结构在家庭样本中也会存在明显的异质性特征。为了反映城乡家庭在互联网使用方面的这种二元差异，本章按照城乡差异对家庭样本重新分组，分析两组家庭在互联网使用影响家庭消费升级的过程中，金融资产配置所表现出的异质性影响效应。

1. 城镇家庭的样本估计与检验

本章利用4670个城镇家庭样本2016年和2018年两个年度的短面板数据，利用公式(5.9)至公式(5.14)，采用加入个体和年份差异的“双固定”模型和不考虑个体和年份差异的“无固定”模型对样本进行估计，估计结果列示于表5.10中。[①]

表5.10 城镇家庭“双固定”模型系数估计和常规检验结果

	公式(5.9)	公式(5.10)	公式(5.11)	公式(5.12)	公式(5.13)	公式(5.14)
$Internet_i$	0.0611*** (3.4670)	0.0344* (2.0769)	0.1022 (0.7472)	-0.0526 (-0.2124)	0.2530** (2.2239)	0.0483*** (3.9293)
$Realestate_i \times Internet_i$	0.0243** (2.1260)	-0.1748** (-2.4989)	0.0814 (1.4819)	0.0983 (1.1455)	-0.1170* (-2.0260)	-0.0117 (-0.8525)
$d_{\text{Finance}\,i}$	—	—	—	-0.3963*** (-4.1451)	—	0.2517* (1.8306)
$Realestate_i \times d_{\text{Finance}\,i}$	—	—	—	0.0463*** (3.5076)	—	—
$d_{\text{Deposit}\,i}$	—	—	—	—	-0.0395 (-0.3838)	-0.2051* (-2.0531)
$Realestate_i \times d_{\text{Deposit}\,i}$	—	—	—	—	-0.0544 (-0.7517)	—
R^2	0.0672	0.2289	0.1592	0.1565	0.1254	0.0868
Hausman	20.5390	29.1725	21.1923	33.5621	30.6404	28.7460
C-D F	9.4159	16.1587	10.3909	11.4688	10.8052	8.7605

注：“***”“**”“*”分别对应1%、5%和10%置信水平下的统计显著性。“()”中列示对应系数显著性检验的t统计量。

对比公式(5.12)中 $d_{\text{Finance}\,i}$ 和 $Realestate_i \times d_{\text{Finance}\,i}$ 以及公式(5.13)中 $d_{\text{Deposit}\,i}$ 和 $Realestate_i \times d_{\text{Deposit}\,i}$ 的系数显著性，可知在城镇家庭样本中，多重中介的传导

① 因篇幅限制，本书在异质性分析中只列出了“双固定”模型解释变量的系数估计和常规检验结果，控制变量和“无固定”模型的估计结果并未在文中列出。

方向与全量家庭样本保持一致，即“高流动性金融资产→低流动性金融资产”。因此公式(5.10)、(5.12)、(5.14)共同构成城镇家庭样本下有调节的多重中介模型。

使用表5.10的“双固定”模型系数估计结果，按照表5.7给出的计算公式，我们可以得到城镇家庭固定了个体差异和年份差异后的8个假设的影响效应估计值，列示于表5.11中。参照前述的中介效应和调节效应显著性检验方法，假设1、假设5、假设6、假设9、假设10的系数具有统计显著性，假设3的Sobel检验、假设2和假设4的中介效应区间检验结果也列示于表5.11中。

表5.11　城镇家庭各作用估计值及显著性补充检验结果

假设	估计值	*Sobel*值	中介效应区间
1	0.0483	—	—
2	$0.0483 - 0.0117 \times Realestate_i$	—	[−0.5128, 0.0173]
3	0.0108	0.2113 ($P=0.8327$)	—
4	$0.0108 - 0.0020 \times Realestate_i$	—	[−0.7827, 0.0218]
5	0.0087	—	—
6	$0.0087 - 0.0440 \times Realestate_i$	—	—
9	0.0028	—	—
10	$0.0028 - 0.0145 \times Realestate_i + 0.0017 \times Realestate2_i$	—	—

注：Sobel检验的P值大于0.05为不显著，根据中介效应差异性检验的原理，当中介效应区间包含0时，调节中介效应不显著。

上述补充检验结果表明，城镇家庭的假设2、假设3和假设4都不具有显著性。因此综合来看，城镇家庭样本和全量家庭样本的检验结果一致，即假设1、假设5、假设6、假设9和假设10的影响效应具有统计显著性。

在内生性方面，以互联网使用频率综合变量为工具变量的Hausman检验和C-D F检验结果表明，城镇家庭的业余上网时间与家庭金融资产配置和非生存型消费三个被解释变量间都具有内生性，但本书选用的工具变量在模型中具有较强的解释力。在稳健性方面，解释变量在“无固定”和“双固定”模型中估计结果的显著性和正负性保持一致，模型估计结果满足实证分析的稳健性要求。[①]

2. 农村家庭的样本估计与检验

本章利用 CFPS 数据库中 2016 年和 2018 年两个年度的 5241 个农村家庭跟踪调查数据，采用和城镇样本相同的分析方法，构建加入了个体效应和年份效应差异的“双固定”模型和不考虑个体效应和年份效应差异的“无固定”模型对样本进行估计。农村家庭“双固定”模型系数估计和常规检验结果列示于表 5.12 中。

对比上述公式（5.12）中 $d_{Finance\,i}$ 和 $Realestate_i \times d_{Finance\,i}$ 以及公式（5.13）中 $d_{Deposit\,i}$ 和 $Realestate_i \times d_{Deposit\,i}$ 的系数显著性，可知农村家庭样本下，多重中介的传导方向与全量家庭样本保持一致，即“高流动性金融资产→低流动性金融资产”。因此，公式（5.10）、（5.12）、（5.14）共同构成农村家庭样本下有调节的多重中介模型。

表 5.12 农村家庭“双固定”模型系数估计和常规检验结果

	公式（5.9）	公式（5.10）	公式（5.11）	公式（5.12）	公式（5.13）	公式（5.14）
$Internet_i$	0.0758** (2.3032)	0.5071*** (3.4474)	0.1061* (1.9565)	0.1166* (2.1055)	0.1425* (1.8933)	0.0477** (2.5734)
$Realestate_i \times Internet_i$	−0.0269 (−1.3933)	0.0267 (0.5973)	−0.0681* (−2.1209)	−0.0640** (−2.4818)	0.1005 (0.7568)	−0.0158 (−0.6145)
$d_{Finance\,i}$	—	—	—	0.1569*** (5.4850)	—	0.0368 (1.0783)
$Realestate_i \times d_{Finance\,i}$	—	—	—	−0.0934*** (−5.1399)	—	—
$d_{Deposit\,i}$	—	—	—	—	0.0681 (0.4825)	−0.0699*** (−3.3268)

① 农村家庭样本的内生性分析和稳健性检验也采用相同的方法，结果和城镇家庭样本表现一致。

续表

	公式(5.9)	公式(5.10)	公式(5.11)	公式(5.12)	公式(5.13)	公式(5.14)
$Realestate_i \times d_{Deposit\,i}$	—	—	—	—	-0.1706 (-1.0445)	—
R^2	0.1064	0.0833	0.0974	0.1199	0.0921	0.1952
Hausman	33.4012	23.4396	36.0965	29.4772	34.8974	74.203
C-D F	8.3340	10.3835	12.0098	12.4697	10.5832	9.7784

注："***""**""*"分别对应1%、5%和10%置信水平下的统计显著性。"()"中列示对应系数显著性检验的 t 统计量。

使用表5.12的"双固定"模型系数估计结果，按照表5.7给出的计算公式，得到农村家庭固定了个体差异和年份差异后的8个假设的影响效应估计值，列示于表5.13中。

表5.13　农村家庭各作用估计值及显著性补充检验结果

假设	估计值	Sobel 值	中介效应区间
1	0.0477	—	—
2	$0.0477-0.0158\times Realestate_i$	—	[-0.0098,0.1065]
3	-0.0082	—	—
4	$-0.0082+0.0045\times Realestate_i$	—	—
5	0.0187	0.0743 ($P=0.0329$)	—
6	$0.0187+0.0010\times Realestate_i$	—	[0.0183,0.0439]
9	-0.0056	—	—
10	$-0.0056+0.0030\times Realestate_i+0.0002\times Realestate2_i$	—	[-0.2590, 0.0005]

注：*Sobel* 检验的 P 值大于0.05为不显著，根据中介效应差异性检验的原理，当中介效应区间包含0时，调节中介效应不显著。

参照前述的中介效应和调节效应显著性检验方法，8个假设中，假设1、假设3、假设4、假设9的影响效应系数具有统计显著性，假设5的Sobel检验和假设2、假设6、假设10的中介效应区间的结果也列示于表5.13中，补充检验结果表明，农村家庭假设5和假设6的调节中介效应也具有显著性。因此，经过检验后，农村家庭样本中假设1、假设3、假设4、假设5、假设6和假设9的影响效应具有统计显著性。

综合表5.10、表5.12的模型估计结果以及表5.11和表5.13的显著性检验结果，在城镇家庭和农村家庭各自互联网使用对消费升级的影响过程中，我们将存在显著影响效应的金融资产配置路径列示于图5.7中。

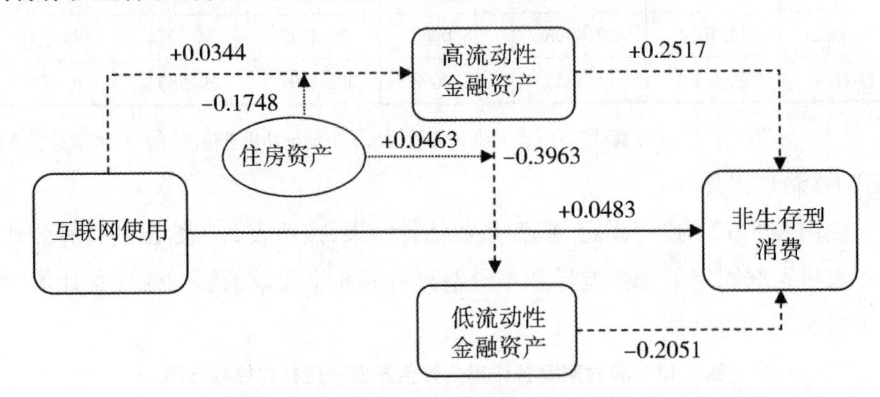

图5.7(*a*) 城镇家庭互联网使用对非生存型消费的影响路径

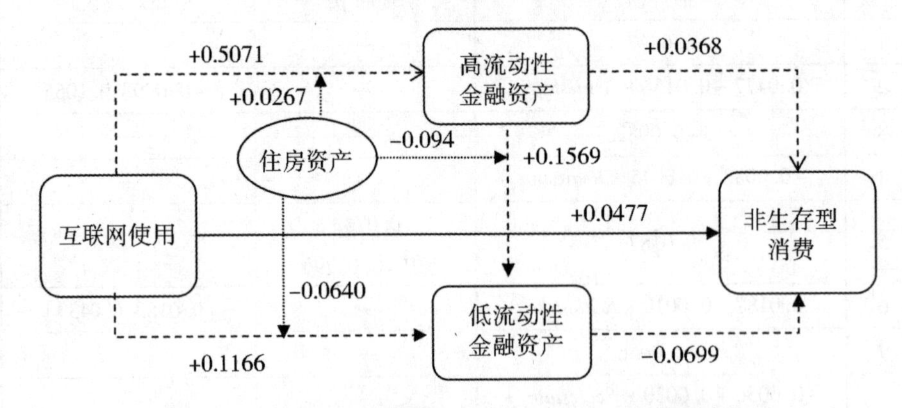

图5.7(*b*) 农村家庭互联网使用对非生存型消费的影响路径

(3)城乡家庭异质性结果分析

比较分析图5.7(a)的结果，不难发现，城镇家庭互联网使用的路径表现和全量家庭样本基本一致，存在三条相同的传导路径。[①] 只计算当家庭住房资产

① 城镇家庭样本的路径表现和全量家庭样本一致，其路径传导和影响效应的分析可参考全量家庭样本的分析结果，这里不再赘述。

存量在全量样本的期望水平（$Realestate_i = 0$）时各路径的传导贡献。

其中，互联网使用对非生存型消费的直接效应（互联网使用→非生存型消费）占总效应的比例为：

$$Ratio_{DE} = \frac{0.0483}{(0.00483 + 0.0087 + 0.0028)} = 80.77\%$$

互联网使用通过促进高流动性金融资产配置从而刺激家庭非生存型消费的中介效应（互联网使用→高流动性金融资产→非生存型消费）占总效应的比例为：

$$Ratio_{IE1} = \frac{0.0087}{(0.0483 + 0.0087 + 0.0028)} = 14.55\%$$

互联网使用通过提升家庭高流动性金融资产配置，从而抑制低流动性金融资产增加，并刺激家庭非生存型消费的多重中介效应（互联网使用→高流动性金融资产→低流动性金融资产→非生存型消费）占总效应的比例为：

$$Ratio_{MIE} = \frac{0.0028}{(0.0483 + 0.0087 + 0.0028)} = 4.68\%$$ 。

显然，城镇家庭高流动性金融资产的中介效应在互联网使用影响家庭消费升级的总体中介效应中也占据主导地位。

综合图5.7(b)的显示结果和表5.4的路径分析，我们发现农村家庭样本与全量家庭样本以及城镇家庭样本的路径影响存在一定差异。相对于城镇家庭来说，农村家庭金融资产配置的中介渠道不只有高流动性金融资产的变化，互联网使用也会通过低流动性金融资产的单中介路径影响家庭非生存型消费。因此，除了城镇家庭的三条传导路径之外，农村家庭还存在一条低流动性金融资产的间接影响路径，即“互联网使用→低流动性金融资产→非生存型消费”的单中介影响路径。

值得注意的是，农村家庭这四条传导路径的影响方向并不一致。对应表5.4可以发现，路径1“互联网使用→非生存型消费”的直接影响和路径3“互联网使用→高流动性金融资产→非生存型消费”的中介影响，均表现为互联网使用程度的提高对家庭非生存型消费有正向促进作用，这和城镇家庭的影响方向表现一致；而路径2“互联网使用→低流动性金融资产→非生存型消费”的中介影响和路径5“互联网使用→高流动性金融资产→低流动性金融资产→非生存型消费”的多重中介影响，则都表现为互联网使用的提升对家庭非生存型消费有抑制作用。路径2中,农村家庭的互联网使用对低流动性金融资产配置的增加具有显著的促进作用,而低流动性金融资产的增加会进一步抑制家庭非生存型消费的增长。路径5中,在农村家庭"高流动性金融资产→低流动性金融资产"的传导过程中,两者呈现正相关关系,这说明农村家庭互联网使用引起的高流动性金融资产增加除了促进非生存型消费增加外,还有一部分会促进家庭低流动性金融资产的增加,进而对家庭消费升级产生抑制作用。这两条间接影响的结果表明,相对于城镇家庭而言,农村家庭仍然保持了较高的储蓄偏好,预防性储蓄动机更强,这可能与农村家庭在医疗、教育以及社会保障等方面的不确定预期要高于城市家庭有关。

此外,路径2和路径5中,家庭住房资产对低流动性金融资产均具有负向调节作用,说明和城镇家庭一样,农村家庭住房资产和低流动性金融资产也表现为一定的替代关系。而路径3中,在互联网使用促进高流动性金融资产增加的路径上,住房资产表现为正向调节作用,这是因为农村家庭较少通过按揭贷款的方式购买住房资产,家庭并不需要定期偿还住房贷款,这使得农村家庭的住房资产不会对高流动性金融资产的投资规模产生挤出。相反,较高的房产价值还会给家庭带来潜在的远期保障,从而降低了农村家庭对当期储蓄资产(低流动性金融资产)的需求。

按照前述的计算方法,我们可以计算出当家庭住房资产存量在全量样本的期望水平($Realestate_i = 0$)时,各路径的影响效应对总影响效应的贡献比率。

其中,农村家庭互联网使用对非生存型消费的直接影响效应("互联网使用→非生存型消费")占总影响效应的比例为:

$$Ratio_{DE} = \frac{0.0477}{(0.0477 + 0.0082 + 0.0187 + 0.0056)} = 59.48\%$$

农村家庭互联网使用通过提升高流动性金融资产配置从而刺激非生存型消费的中介影响效应("互联网使用→高流动性金融资产→非生存型消费")占总效应的比例为:

$$Ratio_{IE1} = \frac{0.0187}{(0.0477 + 0.0082 + 0.0187 + 0.0056)} = 23.32\%$$

农村家庭互联网使用通过引导低流动性金融资产增加从而抑制非生存型消费的中介影响效应(互联网使用→低流动性金融资产→非生存型消费)占总影响的比例为:

$$Ratio_{IE2} = \frac{0.0082}{(0.0477 + 0.0082 + 0.0187 + 0.0056)} = 10.22\%$$

农村家庭互联网使用通过提升高流动性金融资产配置从而促进低流动性金融资产增加,并抑制非生存型消费的多重中介影响效应(“互联网使用→高流动性金融资产→低流动性金融资产→非生存型消费”)占总效应的比例为:

$$Ratio_{MIE} = \frac{0.0056}{(0.0477 + 0.0082 + 0.0187 + 0.0056)} = 6.98\%$$

根据上述计算的贡献比率,我们可以发现农村家庭在互联网使用对家庭消费升级各个影响路径上的表现特征。其一,农村家庭互联网使用的直接效应贡献率显著高于金融资产配置的中介效应贡献率,这与城镇家庭和全量样本家庭的表现是一致的;其二,对比不同流动性金融资产的两条影响路径,农村家庭互联网使用通过高流动性金融资产对家庭消费升级的正向影响中介效应要高于低流动性金融资产的负向影响中介效应;其三,农村家庭高流动性金融资产对消费升级的单中介影响效应也要高于“高流动性金融资产→低流动性金融资产”的多重中介影响效应。

本章的研究结果显示,全样本条件下,互联网使用影响家庭消费升级存在三条显著的正向影响传导路径,即“互联网使用→非生存型消费”的直接效应、“互联网使用→高流动性金融资产→非生存型消费”的单中介效应以及“互联网使用→高流动性金融资产→低流动性金融资产→非生存型消费”的多重中介效应。在两个间接效应中,高流动性金融资产的单中介效应占比24.24%,“高流动性金融资产→低流动性金融资产”的多重中介效应占比11.69%,这说明在金融资产配置的总体中介效应中,高流动性金融资产的中介效应占主导地位。互联网使用通过金融资产配置对家庭消费升级的间接影响,主要是通过提升高流动性金融资产配置来实现的。

此外,家庭住房资产对上述两条中介路径均存在调节效应。其中住房资产在“互联网使用→高流动性金融资产→非生存型消费”的中介效应中存在负向调节作用,在“高流动性金融资产→低流动性金融资产”的多重中介效应中存在正向调节作用。这说明住房资产规模的扩大会削弱互联网使用对高流动性金融资产配置的促进作用,抑制家庭消费升级。同时,住房资产与低流动性金融资产之间存在一定的替代关系,即住房资产和低流动性金融资产都具有一定的预防储蓄功能。

考虑到中国城乡二元结构下家庭经济特征的异质性表现，本章分析了城乡家庭互联网使用通过金融资产配置影响家庭消费升级的影响路径，发现城镇家庭的传导路径和影响效应和全量家庭样本的结果是一致的，而农村家庭的传导路径和影响效应与城镇家庭则存在明显的不同，具体表现在如下几个方面：

1. 农村家庭除了和城镇家庭相同的三条传导路径外，互联网使用通过低流动性金融资产配置影响家庭消费的路径也是显著的。一方面，在"互联网使用→低流动性金融资产→非生存型消费"的影响路径中，互联网使用对增加低流动性金融资产配置具有显著的促进作用，而低流动性金融资产的增加会抑制家庭非生存型消费的增长，即低流动性金融资产对家庭消费升级的影响表现为负向中介效应。另一方面，在农村家庭"高流动性金融资产→低流动性金融资产"的多重中介传导过程中，高流动性金融资产对低流动性金融资产呈现正向影响关系，这和城镇家庭的影响方向刚好相反。这说明农村家庭互联网使用引起的高流动性金融资产增加除了促进非生存型消费增加外，还有一部分会促进家庭低流动性金融资产的增加，进而对家庭消费升级产生抑制作用。这表明，相对于城镇家庭而言，农村家庭存在较高的未来不确定预期，预防储蓄动机更加强烈。

2. 农村家庭的住房资产在"互联网使用→低流动性金融资产"以及"高流动性金融资产→低流动性金融资产"的路径上，都表现为负向调节作用。说明和城镇家庭一样，农村家庭住房资产和低流动性金融资产也表现为一定的替代关系。而在互联网使用促进家庭高流动性金融资产增加的路径上，住房资产表现为正向调节作用，这是因为农村家庭较少通过按揭贷款的方式购买住房资产，家庭较少需要定期偿还住房贷款，这使得农村家庭的住房资产不会对高流动性金融资产的投资规模产生过分挤出；相反，较高的房产价值还会给农村家庭带来潜在的远期保障，有助于提升家庭高流动性金融资产的配置规模。

3. 农村家庭互联网使用通过高流动性金融资产配置影响家庭消费升级的正向中介效应要高于低流动性金融资产配置的负向中介效应。也就是说，农村家庭互联网使用通过金融资产配置影响家庭消费升级的总的间接效应为正向效应。

综合上述研究结果，我们不难发现，一方面，在互联网使用过程中，城镇家庭住房资产对高流动性金融资产存在明显的挤出效应；农村家庭有较强的储蓄偏好，对低流动性金融资产配置倾向更高。另一方面，研究结果也表明，无论城镇家庭还是农村家庭，高流动性金融资产与互联网使用都存在显著的正相关性，在所有正向中介影响路径中占据主导地位。显然，若想通过互联网使用促进家庭消费升级，金融资产配置的核心就应该是提升高流动性金融资产配置水平。那么互联网使用是如何影响高流动性金融资产配置，促进家庭消费升级的呢？其内在的影响机制又是什么？这些问题将在下一章做进一步研究。

第六章　互联网使用对高流动性金融资产配置的影响机制

根据第四章不同流动性资产配置对家庭消费结构的影响分析，高流动性金融资产对家庭消费升级存在更为明显的促进作用。而在第五章金融资产配置中介效应分析中，回归估计和检验结果都显示，高流动性金融资产配置在互联网使用影响家庭消费升级的路径中存在显著的影响效应。因此，互联网使用对金融资产配置的影响集中体现在它对高流动性金融资产配置的影响上。[①] 但随着互联网使用的不断普及和家庭金融市场参与的逐步提升，出现了以下几个问题：互联网使用是如何影响家庭参与金融市场，进而影响高流动性金融资产配置的？互联网使用对家庭参与金融市场的影响渠道是否存在差异？这些影响在城乡家庭中是否存在不同？

为了回答上述问题，互联网使用与高流动性金融资产配置之间的关系和影响机制将成为本书进一步研究的重点。在互联网使用与家庭金融资产配置的关系的研究中，一些研究者已经证实了互联网使用对家庭金融市场参与的正向促进作用[②]，但在影响机制和定量指标选取方面仍有较多争议，并且缺乏对相关影响路径贡献度的比较分析。

鉴于此，本章将使用 CFPS 数据来研究互联网使用对高流动性金融资产配置产生影响的具体机制，将互联网引致的市场参与渠道细分为信息搜寻、社会

---

① 在第五章的分析中，互联网使用对农村家庭的低流动性金融资产也有显著的促进作用，但低流动性金融资产的中介效应较低，因此本章不再单独讨论互联网使用对低流动性金融资产的影响机制。

② 王静：《互联网使用对家庭金融投资参与及盈利的影响研究》，南京大学硕士论文，2019 年。

互动和金融可及三个方面,探讨互联网使用对高流动性金融资产配置的内在影响机制,并重点考察城乡家庭对不同影响渠道的依赖程度。

第一节　理论分析与研究假设

根据第五章的研究结论,在互联网使用影响家庭金融资产配置的过程中,高流动性金融资产对互联网影响的敏感度更高,这是因为高流动性金融资产配置的提升需要家庭进行充分的金融市场参与。而互联网使用改善了家庭参与市场投资的信息不对称问题,减少了市场摩擦,对家庭的金融市场参与起到了明显的促进作用,也为金融资产配置促进家庭消费升级的中介作用的发挥创造了条件。

按照传统的市场摩擦理论,交易摩擦在完全市场中并不存在,但实际情况是市场并不具有完全性。库比卡认为家庭参与金融市场需要付出一定的时间和资金成本,并且一些家庭受制于有限的信息渠道和专业素养,更倾向于选择相对熟悉的金融产品。[①] 而互联网使用恰好能够减少市场摩擦,改善市场有限参与问题,为家庭投资金融资产创造了条件。本节将从信息搜寻、社会互动和金融可及三个方面展开说明互联网使用对家庭参与金融市场投资的影响。

一、直接影响渠道:信息搜寻

信息搜寻是互联网使用最直接的信息获取手段,在第三章已经分析过基于搜寻理论的互联网使用对家庭消费的直接影响效应。一方面,互联网使用为家庭提供了更多的金融产品信息,增加了家庭在金融资产配置方面的选择多样性。通过搜寻理论我们不难发现,互联网使用除了对消费品信息和供求关系具有直接的影响之外,对家庭参与金融市场,选择金融产品同样具有直接影响。家庭可以利用互联网搜寻符合自身需求的金融产品和金融服务,改善产品供需信息不对称问题,实现家庭投资需求与金融产品选择的更佳匹配,提高家庭资

---

① Kubik J D, Stein J C. "Social Interaction and Stock - Market Participation", *The Journal of Finance*, vol. 59(01), 2004, pp. 137 - 163.

产配置效率。另一方面,互联网使用便利了家庭对金融市场信息的获取和投资机会的识别,使家庭可以获取更为精确完全的市场信息,进而可以更好地识别金融投资机会。具体而言,在互联网普及率较低,市场信息不完全,家庭获取信息成本较高时,家庭无法获得各种金融市场参与的完全信息,此时大部分家庭参与金融市场投资只能凭借口头交流获得的信息做出金融决策。[①] 而互联网使用最大程度地降低了家庭参与金融市场的信息搜寻成本,家庭可以更容易地获取较为全面的金融市场信息,因而可以更有效地参与金融市场投资。据此,本章提出以下研究假设。

假设1:互联网使用通过信息搜寻效应促进了家庭的金融市场参与,增加了家庭的高流动性金融资产配置。

二、间接影响渠道:社会互动与金融可及性

1. 社会互动

互联网使用能够极大地提升家庭获取有效信息的规模和频率,并且使家庭获取信息的渠道变得更加多元化。社会与经济运行的信息资源突破了时间和空间的固有局限,尤其在社会互动方面的信息传播变得更加频繁和高效。第一,由于互联网线上互动的及时便利性,人们的信息交流可以突破距离和时间的限制,大大节约了社会互动中信息交换的成本。互联网使用程度越高,信息选择和信息证伪的机会就越多,这会进一步提高家庭进行线上社交互动的频率。第二,互联网信息技术的快速发展有利于家庭充分利用互联网资源,积累社会资本,扩大家庭社会互动的规模和范围。已有研究表明,基于互联网使用的线上社会互动,有利于降低家庭的市场参与成本,提高市场参与率。[②] 此外,有效的经济活动经验还会通过社会互动在社交网络快速分享和广泛传播,通过

---

① 周铭山、孙磊、刘玉珍:《社会互动、相对财富关注及股市参与》,载《金融研究》2011年第2期。

② 林建浩、吴冰燕、李仲达:《家庭融资中的有效社会网络:朋友圈还是宗族?》,载《金融研究》2016年第1期。

经常性的社会互动和信息识别①,信息资源的有效性得到显著提升,其扩散效应可以帮助潜在的市场参与者克服信息不对称和信息不完全造成的“市场有限参与”问题。因此,本章提出以下研究假设。

假设2:互联网使用通过社会互动效应促进了家庭的金融市场参与,增加了家庭的高流动性金融资产配置。

3. 金融可及性

芝加哥大学学者安德森于1968年在文章中首次明确提出了可及性概念。他认为,可及性是评价家庭个体在排除内在特征差异后,能够获得平等服务的标准,并将可及性表述为“使用服务”。② 学术界并未对金融可及性给出一致的定义,大多数学者认为金融可及性代表了经济主体在客观条件下能够获得的金融服务总量。③ 微观家庭金融可及性的提升,有助于家庭获得更多的可用金融资源,提升家庭参与金融市场的活跃度。在互联网技术应用的介入下,更多的金融机构可以利用互联网和金融的有效结合,将金融服务拓展到传统的物理网点无法触及的家庭市场;而家庭个体也可以通过互联网使用而更加充分地享受高效便捷的金融服务,并借助金融中介作用的发挥,进一步改变微观家庭的消费结构、消费习惯和支付方式,促进家庭消费升级。由此,本章提出以下研究假设。

假设3:互联网使用通过金融可及效应促进了家庭的金融市场参与,增加了家庭的高流动性金融资产配置。

---

① 郭士祺、梁平汉:《社会互动、信息渠道与家庭股市参与——基于2011年中国家庭金融调查的实证研究》,载《经济研究》2014年第1期。

② Kehrer B H, Andersen R, Glaser W A. “A Behavioral Model of Families' Use of Health Services”, *The Journal of Human Resources*, vol. 7(01), 1972, pp. 104 – 125.

③ Mookerjee R, Kalipioni R. “Availability of financial Services and Income Inequality: The Evidence from Many Countries”, *Emerging Markets Review*, vol. 11(04), 2010, pp. 404 – 408.

第二节　模型构建与数据处理

一、数据来源与指标说明

在第五章的实证分析中，我们已经采用了2014年、2016年和2018年CFPS数据库中家庭互联网使用的多项统计数据，本章的研究还将根据样本匹配结果采用其中部分互联网模块的调查数据进行实证检验。由于CFPS数据分为个体、家庭和社区三个层次，为统一实证样本，本章建模前需要对新增变量指标的问卷结果进行匹配，再根据受访个体数量对字段信息进行平均化处理。通过筛选样本和删去部分缺失值，经数据清洗，一共匹配到9912个追踪家庭样本数据。

为了系统描述家庭的互联网使用和金融市场参与行为，本章将家庭金融资产配置中与互联网使用相关性最强的高流动性金融资产增加额作为被解释变量，互联网使用作为解释变量，这两个变量的指标说明和数据选取与第五章相同。除了互联网数据之外，关注的主要变量还有社会互动和金融可及性等非直接的互联网数据。其中，以“家庭礼金支出”作为家庭社会互动的代理指标，以“家庭线上金融活动”作为金融可及性的代理指标。以下就社会互动、金融可及性两个变量的测度方法进行解释说明。

1. 关于社会互动指标的解释

在一些有关家庭金融的研究中，“家庭礼金支出”[①]、“通讯费用”[②]、“做出决策时对来自于朋友的信息之依赖程度”[③]等指标均能作为社会互动的衡量指标。本章根据2014年、2016年和2018年CFPS数据库中相关问题字段的统计描述，

---

① 胡枫、陈玉宇：《社会网络与农户借贷行为——来自中国家庭动态跟踪调查（CFPS）的证据》，载《金融研究》2012年第12期。

② 邱新国、冉光和：《互联网使用与家庭融资行为研究——基于中国家庭动态跟踪调查数据的实证分析》，载《当代财经》2018年第11期。

③ 李涛：《社会互动与投资选择》，载《经济研究》2006年第8期。

将和社会互动有关的指标与家庭金融资产配置进行初步回归,删除无效样本数据,并剔除回归效果不好的变量,最终选取回归结果最好的“家庭礼金支出”作为社会互动的代理指标,变量数据来自对问题“过去12个月人情礼支出(元)”的回答结果。

2. 关于金融可及性指标的解释

本章关注的另一解释变量是家庭金融可及性,国外的一些研究文献用每万人拥有的银行机构数量衡量金融服务的可及性①。国内一些学者在对家庭微观数据进行分析时,采用了家庭“社区附近银行数量”作为金融可及性的度量指标。② 在考虑互联网使用的影响因素后,用传统的物理金融网点数量来衡量金融可及性显然存在较大的局限性,互联网使用极大地改变了家庭获取金融资源的方式。正是因为互联网突破了金融物理网点的空间限制,使一些远离核心金融资源的家庭可以通过互联网使用参与金融市场,并以较低的成本获取金融信息。因此,为了更准确地反映金融可及性的变化特征,本章将CFPS数据库中的家庭参与的互联网金融活动作为金融可及性的代理变量,变量数据来自对问题“使用互联网进行商业活动(如使用网络银行、网上支付)的频率有多高?”的回答结果。这里,家庭通过使用网络支付、金融客户端等中介手段,提高了互联网金融活动的便捷性,降低了市场参与的交易成本,能够较好地反映出家庭主体通过互联网使用获取各类金融服务的频率。

对社会互动和金融可及性变量的统计性描述列示于表6.1中。本章的其他解释变量和家庭特征的控制变量均与第五章的变量设计保持一致,对控制变量的统计性描述见表4.7,对互联网使用的统计性描述见表5.2。

---

① MacKinnon D P, Warsi G, Dwyer J H. “A Simulation Study of Mediated Effect Measures”, *Multivariate Behavioral Research*, vol. 30(03), 1995, pp. 41 – 62.

② 尹志超、张号栋:《金融可及性、互联网金融和家庭信贷约束——基于CHFS数据的实证研究》,载《金融研究》2018年第11期。

表 6.1 追踪家庭社会互动与金融可及性变量的基本统计描述

变量名	含义	年份	样本量	均值	标准差
Gift	过去 12 个月的人情礼支出（元）	2014	8668	3906. 2439	5571. 9112
		2016	9658	4642. 1205	7872. 1939
		2018	9408	4781. 5235	6617. 1452
Activity	互联网商业活动的频率（次）	2014	3934	1. 4171	1. 2772
		2016	6438	1. 7238	1. 3578
		2018	7023	2. 2079	1. 5381

二、实证模型构建

依据前述假设内容，本章设定考察互联网使用对高流动性金融资产配置的影响路径，如图 6.1 所示。这里，定义第一条路径为互联网固有的信息搜寻效应对家庭金融市场参与行为的直接影响（路径①）；第二条路径为互联网使用提供的社会互动效应可以带动家庭的金融市场参与行为（路径② + ③）；第三条路径为互联网使用提供的金融可及效应可以带动家庭的金融市场参与行为（路径④ + ⑤）。

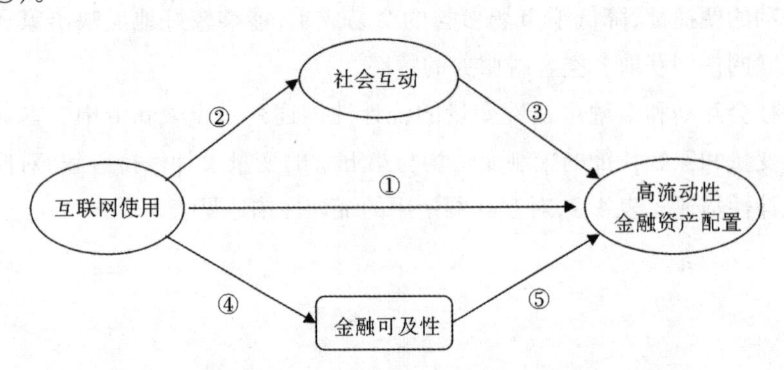

图 6.1 互联网使用对高流动性金融资产配置的影响路径图

根据图 6.1 的影响路径，可以设计典型的并行多中介效应模型，由公式 (6.1)、(6.2)、(6.3)、(6.4) 组成。其中，控制变量 $Controls_i$ 包括 $Realestate_i$、$Income_i$、$Debt_i$、$Education_i$、$Amount_i$ 和 $Health_i$；A、B、C、G 分别对应各式中控制变量向量的系数向量。模型设定的具体公式列示如下：

$$d_{\text{Finance}\,i} = \alpha_0 + \alpha_1 Internet_i + A \cdot Controls'_i \quad (6.1)$$

$$Gift_i = \beta_0 + \beta_1 Internet_i + B \cdot Controls'_i \quad (6.2)$$

$$Activity_i = \zeta_0 + \zeta_1 Internet_i + C \cdot Controls'_i \quad (6.3)$$

$$d_{\text{Finance}\,i} = \gamma_0 + \gamma_1 Internet_i + \gamma_2 Gift_i + \gamma_3 Activity_i + G \cdot Controls'_i \quad (6.4)$$

三、变量关系估计

考虑到样本数据的短面板特征，同第四章和第五章的处理方法，这里分别使用无固定效应和个体效应、年份效应双固定的两种设定估计公式（6.1）、（6.2）、（6.3）、（6.4）。两种设定下，全量家庭样本的模型估计和常规检验结果分别列示于表6.2和表6.3中。

表6.2　全量样本家庭“无固定”效应模型系数估计和常规检验结果

	公式(6.1)	公式(6.2)	公式(6.3)	公式(6.4)
$Internet_i$	0.0179* (1.9321)	0.7649*** (31.7228)	4.6812* (2.2202)	0.0696* (1.8480)
$Gift_i$	—	—	—	0.0581** (2.3525)
$Activity_i$	—	—	—	0.0060** (2.3441)
$Realestate_i$	-0.0252** (-2.4224)	0.0406 (0.5436)	-0.0842 (-0.5813)	-0.0215* (-1.9259)
$Income_i$	0.0327 (0.4774)	-0.0850*** (-6.3668)	-0.3018 (-0.8833)	0.0306 (0.4189)
$Debt_i$	0.1594* (1.8347)	0.0307 (0.3301)	-0.0212 (-0.1605)	0.1625* (2.1066)
$Amount_i$	-0.0141 (-0.8993)	0.0529*** (7.0781)	0.3104 (1.7131)	-0.0119 (-0.8005)
Age_i	-0.0070 (-0.5959)	-0.1492*** (-18.6315)	0.3450 (1.6370)	-0.0194 (-11.3609)

续表

	公式(6.1)	公式(6.2)	公式(6.3)	公式(6.4)
$Education_i$	-0.0174 (-0.9148)	0.1367*** (16.0549)	-0.4796 (-1.6920)	-0.0074 (-0.4182)
$Health_i$	0.0071 (0.7328)	-0.0636*** (-8.6489)	-0.2414 (-1.4067)	0.0034 (0.3573)
Constant	-0.0084 (-0.8254)	0.0293*** (4.2533)	-0.6886* (-2.0738)	-0.0058 (-0.5458)
R^2	0.1332	0.2762	0.2916	0.2303
Hausman	24.5078	109.0731	139.7403	22.8385
C-D F	17.5165	15.8763	54.1902	11.6011

注:“***”“**”“*”分别对应1%、5%和10%置信水平下的统计显著性。“()”中列示对应系数显著性检验的 t 统计量。

表6.2列示了全量样本家庭“无固定”效应模型的估计和常规检验结果,可以发现,互联网使用、家庭礼金支出和金融活动三个变量对高流动性金融资产配置均有显著的影响。观察表6.3,在加入了个体效应和年份效应之后,各变量估计结果的影响方向和“无固定”效应模型一致,这说明互联网使用对家庭金融市场参与的直接影响渠道和间接影响渠道都是存在的。本章根据表6.3“双固定”模型的报告结果,参照前述章节的分析方法,具体分析在互联网使用影响家庭金融资产配置过程中,各影响渠道的代理变量在公式(6.1)至公式(6.4)的系数估计结果。

表6.3 全量样本家庭“双固定”模型系数估计和常规检验结果

	公式(6.1)	公式(6.2)	公式(6.3)	公式(6.4)
$Internet_i$	0.0654* (2.0234)	0.9156*** (11.7678)	2.7148* (2.1328)	0.0869* (1.8627)
$Gift_i$	—	—	—	0.1189*** (4.1109)
$Activity_i$	—	—	—	0.0205* (1.9364)

续表

	公式(6.1)	公式(6.2)	公式(6.3)	公式(6.4)
$Realestate_i$	-0.0774** (-2.8524)	0.0193 (1.6217)	-0.2635 (-1.3651)	-0.0672** (-2.1934)
$Income_i$	0.0859 (0.3837)	0.1375*** (5.7514)	-0.1237 (-0.3917)	0.1057 (0.5262)
$Debt_i$	0.5049** (2.9401)	0.0091 (0.6935)	0.0980 (0.7870)	0.5126** (2.9541)
$Amount_i$	-0.1283 (-1.1741)	0.1527*** (7.1505)	-0.0229 (-0.0662)	-0.1112 (-1.1756)
Age_i	-0.0084 (-0.1856)	-0.1541*** (-13.1886)	-0.1885 (-0.7553)	-0.0472 (-1.0379)
$Education_i$	-0.0103 (-0.1865)	0.0923*** (7.5276)	0.2134 (0.9304)	0.0237 (0.5330)
$Health_i$	-0.0037 (-0.0711)	-0.0113 (-1.0131)	-0.4640 (-1.2799)	-0.0215 (-0.4874)
Constant	-0.0089 (-0.1611)	0.0987*** (17.7826)	-0.7551 (-1.4309)	-0.0053 (-0.1097)
R^2	0.1713	0.3472	0.2961	0.2328
Hausman	23.3853	80.1568	60.8310	22.9695
C-D F	10.5878	15.5656	49.0324	10.5845

注："***""**""*"分别对应1%、5%和10%置信水平下的统计显著性。"()"中列示对应系数显著性检验的 t 统计量。

由表6.3可知,第一列显示了不考虑家庭礼金支出和金融活动时,互联网使用对高流动性金融资产配置的估计影响结果,可以看出家庭互联网使用对高流动性金融资产配置存在显著的正向影响关系;第二列显示了在控制了家庭特征和其他控制变量后,互联网使用对家庭礼金支出的边际影响效应为0.9156,且在1%的水平下显著,这说明互联网使用对家庭社会互动确实存在显著的正向影响;第三列显示了在控制了家庭特征和其他控制变量后,互联网使用对家庭金融活动的边际影响效应为2.7148,且在10%的水平下显著,这说明互联网使用对家庭金融活动也存在显著的正向影响;第四列显示了加入礼金支出和金融活动后,互联网使用对高流动性金融资产配置的估计影响结果,其中,礼金支出和金融活动的估计系数均显著为正,并且互联网使用对高流动性金融资产配置的边际影响也显著为正,这说明互联网使用通过信息搜寻对家庭金融市场参与的直接影响渠道存在,同时说明互联网使用的间接影响渠道——社会互动和金融可及性也是存在的。

第三节 实证结果与异质性分析

本节在前文模型回归估计的基础上,对互联网使用影响家庭金融市场参与和资产配置的渠道进行检验与分析。首先,采用第五章的中介模型检验方法,对互联网使用影响家庭金融资产配置的各个渠道进行分层次检验;其次,分析全量样本家庭的渠道影响结果,并计算各渠道的影响贡献率;最后,进一步对城乡家庭的异质性结果进行实证分析,比较城乡家庭在金融市场参与过程中对互联网使用的路径依赖程度。

一、结果分析

根据温忠麟等人给出的中介效应测度及 Sobel 检验方法①,结合图 6.1 中互联网使用影响家庭金融市场参与的传导路径,我们可以计算出全量样本家庭互联网使用影响高流动性金融资产配置的中介效应估计值,以及估计系数显著性的检验结果。表 6.4 列示了上述计算的估计及检验结果。

表 6.4 全量样本家庭的中介效应估计及检验结果

渠道	公式	估计值	系数 t 检验	Sobel 检验
1	γ_1	0.0869	$P_{\gamma 1}=0.0853$	—
2	$\gamma_2\beta_1$	0.1089	$P_{\gamma 2}=0.0012$; $P_{\beta 1}=0.0000$	—
3	$\gamma_3\zeta_1$	0.0557	$P_{\gamma 3}=0.0749$; $P_{\zeta 1}=0.0563$	—

从表 6.4 中可以看出,互联网使用中介效应系数的 t 检验全部显著,说明互

① 温忠麟、张雷、侯杰泰等:《中介效应检验程序及其应用》,载《心理学报》2004 年第 5 期。

联网使用的社会互动效应和金融可及效应具有统计显著性（P 值小于0.1）。在上述中介效应估计结果的基础上，参考麦金农的计算方法①，可以计算出社会互动和金融可及的中介效应占总效应的比例分别为：

$$ME_1 = 0.1089/(0.0869 + 0.1089 + 0.0557) = 43.30\%$$

$$ME_2 = 0.0557/(0.0869 + 0.1089 + 0.0557) = 22.15\%$$

上述 ME 值结果表明：对于全量样本家庭而言，互联网固有的信息搜寻效应对高流动性金融资产配置的贡献是 1 − 43.30% − 22.15% = 34.55%；互联网使用通过社会互动效应对高流动性金融资产配置的贡献是 43.30%；而互联网使用产生的金融可及效应对高流动性金融资产配置的贡献是 22.15%。显然，社会互动效应要远大于金融可及效应和信息搜寻的直接效应。

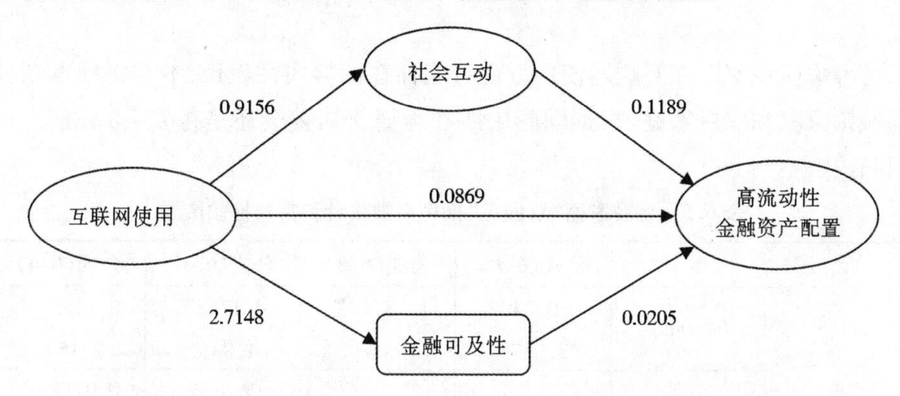

图 6.2　全量样本家庭互联网使用对高流动性金融资产配置影响渠道估计结果

二、稳健性检验

为了解决实证模型可能存在的内生性问题，本章通过以下工具变量的方法进行检验。一是和第五章一样，在公式（6.1）、公式（6.2）、公式（6.4）中，将“使用互联网学习、工作、社交、娱乐的频率”四个字段的综合变量作为互联网使用时长的工具变量。二是将“过去12个月网上购物花费（元）”作为家庭网上金融活动频率的工具变量，由于家庭进行网上消费时，也涉及到网上支付等金融活

① Mackinnon D P, Warsi G, Dwyer J H. “A Simalation Study of Mediated Effect Measures”, *Multivarate Behavioral Research*, vol. 30(03), 1995, pp. 41 − 62.

动,因而用这一指标作为工具变量进行回归是合适的。

表6.3中给出了4个模型的GMM方法估计结果。其中,关于工具变量的Hausman检验和C-D F检验结果表明,家庭的业余上网时间与家庭金融资产配置、家庭网上金融活动的频率以及家庭人情礼支出之间都有内生性,但上述选取的工具变量在模型中具有较强的解释力。

在稳健性方面,对比表6.2和表6.3中“无固定”和“双固定”两种设定下的模型估计结果,核心解释变量的显著性和正负性保持一致,模型估计结果满足实证分析的稳健性要求。

三、城乡家庭异质性分析

考虑城乡家庭在互联网使用方面可能存在的异质性表现,本章将样本划分为城镇家庭和农村家庭(根据问卷中所在地属于居委会还是村委会)分别进行回归。①

表6.5　城乡家庭“双固定”模型系数估计和常规检验结果

		公式(6.1)	公式(6.2)	公式(6.3)	公式(6.4)
城镇家庭	$Internet_i$	0.0224** (2.9178)	1.9851*** (15.8402)	4.1752* (1.8811)	0.1452*** (3.1590)
	$Gift_i$	—	—	—	0.0715*** (3.5547)
	$Activity_i$	—	—	—	0.0379** (2.4208)
农村家庭	$Internet_i$	0.0298*** (3.5260)	1.8986*** (21.5914)	3.6923* (1.8030)	0.4629*** (5.5190)
	$Gift_i$	—	—	—	0.2763 (2.1956)
	$Activity_i$	—	—	—	0.0035** (2.9093)

① 本章利用CFPS数据库2016年和2018年两期的有效追踪家庭样本数据,共获得4671个城镇家庭样本和5241个农村家庭样本,按照“无固定”和“双固定”模型进行回归估计。

表6.5是考虑个体效应和年份差异的"双固定"模型估计结果①。不难发现,第一列中,不考虑家庭礼金支出和网上金融活动时,城镇家庭和农村家庭的互联网使用与高流动性金融资产配置均存在显著的正向关系;第二列和第三列的结果则说明城镇家庭和农村家庭的互联网使用与家庭礼金支出和网上金融活动都存在显著的正向关系;第四列显示的结果表明,在考虑家庭礼金支出和网上金融活动的情况下,城镇家庭和农村家庭互联网信息搜寻的直接效应、社会互动和金融可及的间接效应对高流动性金融资产配置都有显著的影响。

结合图6.1的传导路径,我们采用中介效应测度及Sobel检验方法,可以计算出城镇家庭和农村家庭互联网使用影响高流动性金融资产配置的中介效应估计值,以及估计系数的显著性检验结果。从表6.6的系数t检验结果可以看出,城镇家庭和农村家庭互联网使用的社会互动效应和金融可及效应均具有统计显著性(P值小于0.1),说明社会互动和金融可及的间接效应在城镇家庭和农村家庭都是存在的。

表6.6　城乡家庭中介效应估计和检验结果

	渠道	估计值	系数t检验	Sobel检验
城镇家庭	1	0.1452	$P_{\gamma 1}=0.0075$	—
	2	0.1419	$P_{\gamma 2}=0.0035$; $P_{\beta 1}=0.0000$	—
	3	0.1582	$P_{\gamma 3}=0.0309$; $P_{\zeta 1}=0.0867$	—
农村家庭	1	0.4629	$P_{\gamma 1}=0.0000$	—
	2	0.5245	$P_{\gamma 2}=0.0469$; $P_{\beta 1}=0.0000$	—
	3	0.0129	$P_{\gamma 3}=0.0122$; $P_{\zeta 1}=0.0988$	—

注:上述各渠道的系数t检验结果表明各渠道具有显著性,不需再进行*Sobel*检验。

在上述中介效应估计结果的基础上,参考前文的计算方法,可以计算出城镇家庭社会互动和金融可及效应占总效应的比例分别为:

$$ME_1=0.1419/(0.1452+0.1419+0.1582)=31.87\%$$

$$ME_2=0.1582/(0.1452+0.1419+0.1582)=35.53\%$$

农村家庭社会互动效应和金融可及效应占总效应的比例分别为:

① 由于模型输出结果所占篇幅较大,本章异质性分析的"无固定"模型以及控制变量的估计结果并未列出,读者若有需要,可向作者索取。

$$ME_1 = 0.5245/(0.4629 + 0.5245 + 0.0129) = 52.43\%$$

$$ME_2 = 0.0129/(0.4629 + 0.5245 + 0.0129) = 1.29\%$$

据此，我们也可以知道，城镇家庭互联网固有的信息搜寻效应对高流动性金融资产配置的贡献是 1 - 31.87% - 35.53% = 32.6%；农村家庭则是：1 - 52.43% - 1.29% = 46.28%。

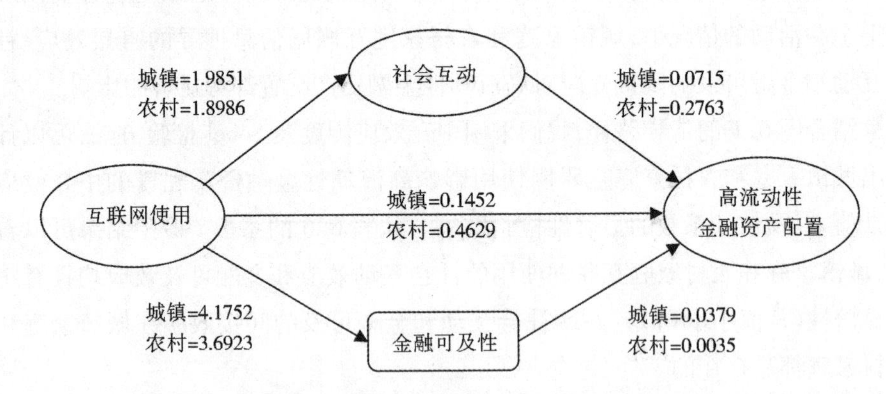

图 6.3　城镇和农村家庭互联网使用对高流动性金融资产配置影响渠道估计结果

通过比较城乡家庭互联网使用对金融市场参与各个渠道的影响效应占比，我们可以发现，按照影响效应的大小来比较，城镇家庭对于互联网使用路径依赖的顺序为：金融可及效应 > 信息搜寻效应 > 社会互动效应；而农村家庭为：社会互动效应 > 信息搜寻效应 > 金融可及效应。显然，在互联网使用的影响下，城镇家庭和农村家庭金融市场参与的路径依赖存在明显不同，城镇家庭更偏重于金融可及效应，农村家庭则更强调社会互动效应。但从具体的贡献比率来看，城镇家庭各个渠道的影响效果相对平均，而农村家庭的金融可及效应则要明显低于其他两个渠道的影响效应。这说明虽然互联网使用缩小了城乡金融供给的巨大差距，但在具体使用过程中，农村家庭并没有完全享受到互联网带来的金融普惠服务，家庭参与金融市场的更多渠道反而是互联网的线上社会互动和信息搜寻。这也从另一个角度表明，互联网引导下的农村金融供给需要符合农村家庭的客观需求，同时还需要引导农村家庭接受并使用互联网参与金融市场，提高家庭高流动性金融资产配置，最终促进家庭消费升级。

本章实证估计结果表明，加入礼金支出和网上金融活动两个中介变量后，互联网使用与高流动性金融资产配置的估计结果之间仍表现为显著的正向关系。礼金支出和金融活动的估计系数均显著为正，这说明互联网使用通过信息搜寻对金融市场参与的直接影响效应存在，同时说明互联网使用的间接影响效应——社会互动效应和金融可及效应也是存在的。对于全量样本家庭而言，互联网固有的信息搜寻效应对提升高流动性金融资产配置的贡献是34.55%；互联网使用通过社会互动效应对提升高流动性金融资产配置的贡献是43.30%；而互联网使用产生的金融可及效应对提升高流动性金融资产配置的贡献是22.15%。可见，互联网使用的社会互动效应要远大于金融可及效应和信息搜寻效应。

通过进一步分析，本章得出相关的比较结论：城镇家庭各路径的影响效应虽然存在差异，但差距较小，整体表现相对平均，说明城镇家庭互联网使用的渠道普及程度较高，互联网使用引导家庭金融市场参与的作用发挥相对充分。而农村家庭的金融可及效应则要明显低于其他两个渠道的影响效应，这说明虽然互联网使用缩小了城乡金融供给的巨大差距，但在具体使用过程中，农村家庭并没有完全享受到互联网带来的金融普惠服务，家庭参与金融市场的更多渠道反而来自于互联网的线上社会互动和信息搜寻，农村家庭在使用互联网、享受数字金融服务方面仍有较大的提升空间。

第七章 结论与对策建议

前述章节对互联网使用、金融资产配置与家庭消费升级的相互关系及内在影响机制进行了理论与实证分析,不仅证明了互联网使用促进家庭消费升级的金融资产配置效应存在,探索出了互联网使用通过改善家庭金融资产流动性结构促进家庭消费升级的传导路径,而且进一步研究了互联网使用对家庭金融资产配置的影响机制和城乡家庭的异质性特征。本章将对前文的研究结论进行总结性阐述,并在此基础上提出相关的对策建议以及对进一步研究的展望。

第一节 研究结论

本书基于国内外互联网经济快速发展和国内家庭互联网使用普及率不断提升的现实背景,以新兴互联网经济理论、资产组合理论与消费理论作为理论基础,将"互联网使用→金融资产配置→家庭消费升级"作为基本的逻辑出发点,对家庭的投资与消费行为进行分析,旨在探索金融资产配置在互联网使用影响家庭消费升级过程中的传导路径和影响机制。本书具体回答四个方面的问题:1. 金融资产配置对家庭消费结构存在怎样的影响?不同流动性的资产结构变动能否促进家庭消费升级?2. 金融资产配置在互联网使用对家庭消费升级影响过程中是否存在中介效应?如果有中介效应,其具体的影响效应、传导路径以及家庭个体差异是什么?3. 基于问题 2 存在的传导路径,互联网使用对金融资产配置的具体影响机制是什么?4. 在现实生活中,需要采取哪些措施支持互联网使用通过金融资产配置促进家庭消费升级,提升家庭消费质量?

基于此,本书从理论与实证两个方面对上述问题进行探索和分析。在理论分析部分,本书主要运用理论归纳、模型推导和实践总结等方法,从理论层面分析互联网使用、金融资产配置和家庭消费三者升级之间的关系,阐述金融资产配置在互联网使用影响家庭消费过程中的传导路径,并对其内在影响机制和特征等进行了较为详细的论述,为后文的分析做好准备。

第一,资产流动性及其配置结构对家庭消费的影响机理。根据不确定条件下的预防储蓄理论、流动性约束理论和缓冲存货理论不难发现,除了家庭收入的流量因素以外,家庭消费还会受到资产配置因素的调节影响。结合资产组合理论中关于资产性质和资产结构的论述,金融资产配置可通过流动效应、财富效应等影响家庭消费。本书利用家庭持有金融资产的流动性差异构建金融资产配置与家庭消费的理论模型,比较了高流动性金融资产与低流动性金融资产对家庭消费的影响,结果表明资产配置的流动效应是其财富效应发挥的重要前提。

第二,互联网使用通过影响金融资产配置改变家庭消费的影响机理。本书从互联网使用影响家庭消费的直接效应和间接效应出发,构建了互联网使用影响家庭消费升级的理论模型。

直接效应方面,由于互联网信息搜寻总能以较低的搜寻成本获得低于市场平均价格的商品,并最终以更少的搜寻次数找到市场最低的均衡价格,实现消费者剩余的最大化。这种动态变化过程,从信息搜寻的角度产生了影响家庭消费的两种直接效应,即价格效应和市场范围效应。

间接效应方面,互联网使用为家庭提供了更为广泛的投融资渠道和金融资产选择机会。随着互联网使用的不断普及,更多家庭通过互联网使用改善了家庭金融资产配置,间接推动了家庭消费的升级。互联网使用影响家庭参与金融市场投资,改善金融资产配置结构的渠道主要包括:1. 基于搜寻理论,家庭直接通过互联网进行信息搜寻,降低家庭资本市场参与成本,即产生和商品市场相似的价格效应和市场范围效应;2. 互联网使用提升家庭的线上社会互动水平,使家庭间接获取资本市场参与信息;3. 互联网使用帮助家庭获取更广泛的金融服务和市场资源,提升家庭的金融可及性,间接实现家庭金融资产配置的质量提升与结构优化。

在理论分析的基础上,本书采用聚类统计分析、面板模型估计、中介效应模型以及有调节的多重中介效应模型进一步检验分析结果。实证分析得出的具体结论如下:

1. 资产流动性、配置结构对家庭消费的影响特征

本书按照资产流动性的不同，从高到低划分家庭资产为高流动性金融资产、低流动性金融资产和住房资产三类，并通过聚类分析的方法对微观家庭的消费类数据进行统计分析，以此确定家庭消费的具体结构层次和分类内容。同时利用*CFPS*样本数据构建短面板模型，实证分析了不同流动性的资产配置对家庭消费结构的总体影响效应。

第一，通过对消费结构的聚类分析，本书将家庭消费分为生存型消费、享受型消费和发展型消费。生存型消费为组间距离最小的消费种类的聚合，说明家庭之间此类消费的差异性很小，总体水平相对稳定；其次是发展型消费，家庭在教育及医疗等方面的支出已经具有了一定弹性和家庭组间差异；组间距离最大的是家庭享受型消费，说明家庭在提升生活品质方面的消费差异较大。

第二，不同流动性资产的变动对家庭消费结构的影响只作用于非生存型消费（享受型消费和发展型消费）。在具体资产类别的影响效应方面，高流动性金融资产与非生存型消费存在显著的正相关关系；低流动性金融资产与非生存型消费存在显著的负相关关系；家庭住房资产对非生存型消费的影响则不显著。

第三，当家庭住房资产为消费属性时，住房资产对非生存型消费并没有显著的影响；当其具有投资属性时，住房资产对非生存型消费具有显著的正向影响，但影响强度明显弱于高流动性金融资产。

由此，我们也可以得到一个重要的推论，即家庭资产变动产生的财富效应需要资产的流动性支持，当资产变现成本较高或无法变现的时候，资产配置的潜在财富效应将无法有效转化为实际消费。高流动性金融资产兼具收益性和流动性的特征，对于改善家庭消费层次，提升消费水平具有重要意义。

2. 互联网使用通过金融资产配置影响家庭消费升级的中介效应

本书按照资产流动性特征，将金融资产中的高流动性金融资产和低流动性金融资产作为中介变量，将家庭住房资产作为调节变量，构建有调节的多重中介模型，计算并对比了互联网使用通过金融资产配置影响家庭消费升级的传导路径和影响效应。

第一，全样本条件下，互联网使用影响家庭消费升级存在三条显著的正向影响传导路径，即“互联网使用→非生存型消费”的直接效应、“互联网使用→高流动性金融资产→非生存型消费”的单中介效应，以及“互联网使用→高流动性

金融资产→低流动性金融资产→非生存型消费”的多重中介效应。在两个间接影响效应中，高流动性金融资产的单中介效应占比为24.25%，“高流动性金融资产→低流动性金融资产”的多重中介效应占比为11.67%，这说明在金融资产配置的总体中介效应中，高流动性金融资产配置的中介效应占主导地位。

第二，住房资产在“互联网使用→高流动性金融资产→非生存型消费”的中介效应中存在负向调节作用，在“高流动性金融资产→低流动性金融资产”的多重中介效应中存在正向调节作用。这说明住房资产规模的增大会削弱互联网使用对增加高流动性金融资产配置的促进作用，抑制家庭消费升级。同时，家庭住房资产与低流动性金融资产之间存在一定的替代关系，即住房资产和低流动性金融资产都具有一定的预防储蓄功能。

第三，城乡家庭异质性分析结果表明：一方面，在互联网使用过程中，城镇家庭住房资产对高流动性金融资产存在明显的挤出效应，农村家庭则有较强的储蓄偏好，对低流动性金融资产的配置倾向更高。另一方面，研究结果也表明，无论城镇家庭还是农村家庭，家庭高流动性金融资产与互联网使用都存在显著的正相关性，在所有正向中介影响路径中占据主导地位。

3. 互联网使用对家庭金融市场参与的影响机制

本书从信息搜寻效应、社会互动效应和金融可及效应三种渠道对互联网使用影响家庭金融市场参与的机制进行了验证，并在此基础上，进一步比较分析了城乡家庭在互联网使用过程中金融市场参与的路径依赖。

第一，全量样本家庭的实证结果表明，互联网使用通过信息搜寻对家庭高流动性金融资产配置的直接影响效应存在，同时互联网使用的间接影响效应——社会互动效应和金融可及效应也显著存在。互联网固有的信息搜寻效应对增加家庭高流动性金融资产配置的贡献是34.55%；互联网使用通过社会互动效应对增加家庭高流动性金融资产配置的贡献是43.30%；而互联网使用产生的金融可及效应对增加家庭高流动性金融资产配置的贡献是22.15%。可见，互联网使用的社会互动效应要远大于金融可及效应和信息搜寻效应。

第二，城乡家庭的异质性分析表明，城镇和农村家庭互联网信息搜寻的直接效应，社会互动和金融可及的间接效应对家庭高流动性金融资产配置也都有显著的影响。比较各渠道影响效应的贡献率，城镇家庭对于互联网使用的路径依赖顺序为：金融可及效应 > 信息搜寻效应 > 社会互动效应；而农村家庭为：社

会互动效应 > 信息搜寻效应 > 金融可及效应。通过进一步分析，本书得出相关的比较结论：城镇家庭各路径的影响效应虽然存在差异，但差距较小，整体表现相对平均，说明城镇家庭互联网使用的渠道普及程度较高，互联网使用引导家庭参与金融市场的作用发挥相对充分；而农村家庭的金融可及效应则要明显低于其他两个渠道的影响效应，这说明虽然互联网技术缩小了城乡金融供给的巨大差距，但在具体使用过程中，农村家庭并没有完全享受到互联网带来的金融普惠服务，家庭参与金融市场的更多渠道反而来自于互联网的线上社会互动和信息搜寻，农村家庭在使用互联网、享受数字金融服务方面仍有较大的提升空间。

第二节　对策建议

从本书的研究结论中可以发现，互联网使用影响家庭消费升级的金融资产配置路径仍存在诸多现实问题，如城乡家庭使用互联网改善金融资产配置的差异，城镇家庭的住房资产对高流动性金融资产的挤出影响，以及农村家庭过高的预防储蓄动机等。这充分表明我国在加速互联网使用全面普及的基础上，急需健全和完善互联网使用引导家庭消费升级的金融资产配置渠道，充分发挥高流动性金融资产的流动效应和财富效应，尤其需要注意互联网使用在城乡家庭的异质性表现。据此，依据前文的研究结果，本节提出如下对策建议。

一、提高互联网使用与金融市场的结合度

虽然我国家庭互联网使用的普及程度逐年加深，但从互联网使用通过优化家庭资产配置，促进家庭消费升级的影响效应来看，互联网使用在引导家庭投资和消费的过程中仍存在一些需要解决的问题，尤其在城乡家庭互联网普及程度、使用差异以及互联网使用监管等方面。

一、推进互联网基础设施持续优化，加速家庭互联网使用向移动互联网、物联网等信息消费转型。一方面，继续推进互联网基础设施建设，将互联网网络架构和布局充分覆盖到中西部地区和农村地区，逐步推进家庭互联网使用的全面普及；另一方面，大力贯彻推进“网络强国”战略，促进信息消费拉动有效需

求,鼓励信息化产业发展,通过移动互联网、物联网、云计算、大数据等新兴产业的规模集聚和创新突破,为家庭通过互联网使用参与市场投资提供科学稳定的硬件保障。

二、充分发挥互联网等新型信息渠道的重要作用,引导家庭通过互联网使用获取市场资源。首先,不同层次和不同阶段的家庭对于金融产品和市场投资的需求具有明显的差异性,金融机构在标准化产品之外,需要形成更加多元化的互联网金融产品供给,尤其是高流动性金融资产的产品设计和推广应用。因此,需要鼓励金融机构针对同拥有不同需求偏好的家庭开发相应的金融产品,通过大数据和云计算获取城乡家庭资本市场参与的差异化需求,拓展互联网经济在金融领域的长尾市场,细化短期高流动性金融产品供给,满足家庭消费支付的短期流动性需求,提升互联网使用的包容性。其次,农村家庭固有的市场投资观念和参与习惯是其金融可及性提升缓慢的重要原因,这就需要推进互联网使用在农村地区的引导和宣传工作。因此,除了通过互联网平台增加金融产品的市场供给外,还可以通过互联网进行投融资市场的相关知识普及和信息技术应用的宣传教育,促进农村家庭市场参与、风险认知和金融素养水平的提升,进一步培养农村家庭主动使用互联网进行高流动性金融资产配置的习惯。最后,家庭进行金融资产配置的最终目的是实现家庭消费升级,应该建立和扩展资产收益向消费升级转化的互联网渠道。在互联网使用过程中,通过信息化手段,形成家庭投资和消费的一站式服务,促进家庭信息红利的释放,在满足支付流动性的同时,提升家庭消费能力与消费需求的匹配度,积极创造新的互联网消费增长点,改善家庭"消费钝化"的现象。

三、加强互联网信息监管,提升线上金融市场资源的安全性,利用互联网信息引导家庭合理投资与健康消费。通过网信监督提升家庭获取信息的有效性,加强信息端与金融供给端的连接。要推动家庭互联网使用与市场衔接的可持续发展,必须完善互联网使用规范,加大对市场不法行为的惩罚力度,营造公平公正的市场参与环境。一是要通过网络监管手段及时发现互联网金融诈骗行为,加大打击力度,保护家庭和个人的财产安全;二是要加强事中事后监管,全面推进和实行"双随机、一公开"的监管模式,加大审计监管力度,从严打击不具备牌照的公司违法销售金融产品的行为;三是要营造良好的基于互联网使用的市场参与环境,加大对家庭参与主体的市场风险教育力度,使家庭个体能够科学合理地使用互联网进行金融市场投资。

二、降低城镇家庭住房资产流动性约束

本书的研究结果表明,互联网使用促进家庭消费升级的资产配置效应受到家庭住房资产规模的制约,这种现象在城镇家庭的表现尤为明显,家庭住房资产对金融资产和消费存在显著的挤出效应。因此,相关部门应该继续稳定房地产市场价格,避免家庭资产流动性的缺失,进而削弱其对家庭消费升级的促进作用。

一、要继续贯彻执行"房住不炒"和资金回归实体经济的总体方针政策。2016 年年底的中央经济工作会议首次提出,"房子是用来住的,不是用来炒的",此后,房地产相关部门陆续出台了与之相配套的政策,涉及到房地产企业的融资、购房家庭的信贷等方面。从 *CFPS* 数据库 2016 年和 2018 年跟踪家庭的住房迁徙数据中可以看出,原先持有一套房的家庭继续进行住房资产投资的占比为 12.53%,而原先持有多套房的家庭重新回归到持有一套住房的比例高达 44.30%。[①] 从数据表现来看,中央房地产政策执行的实际效果已经显现。2020 年,中国人民银行在年度金融市场工作电视电话会议上再次明确提出,保持房地产金融政策连续性、一致性和稳定性,不把刺激房地产作为短期应对经济暂时性困难的手段。相关金融政策的连续性对于保持家庭住房市场稳定,促进家庭金融市场参与,提升家庭消费水平具有至关重要的作用。

二、建立公租房、共有产权房等保障房使用机制,解决无房家庭的居住问题。本书的研究结果表明,无房家庭存在比其他家庭更为显著的储蓄动机,在这种情况下,互联网使用对消费的资产配置效应难以有效发挥。因此,解决无房家庭的住房问题,有利于这类家庭释放更多的资产流动性,促进家庭消费的提升。一方面,要通过采用限地价、限售价的"双限房"建设,以共有产权、公租房的形式,解决住房困难家庭和无自有住房各类人才的居住问题;另一方面,相关部门需要因地制宜,完善申请制度和管理条例,保障真正需要住房的家庭获得房产的使用权。

---

① 数据依据第四章 CFPS 家庭住房样本的迁徙变动计算得出,详细列表参见表 4.9。

三、建立并完善农村家庭社会保障体系

第五章的实证结果表明，农村家庭互联网使用会进一步促进家庭储蓄资产（低流动性金融资产）的增加，对家庭消费升级产生了一定抑制作用。除了农村家庭固有的资产配置习惯外，另一个重要原因就是农村家庭在教育、医疗等社会保障方面存在较多的不确定预期，预防性储蓄也会随之增长。因此，从这个角度来说，完善社会保障机制，改善家庭不确定性预期，是打通农村家庭消费升级路径的关键。

一、加快"城乡衔接"的制度安排。一方面，按照乡村振兴战略、统筹城乡经济发展的客观要求，加快在农村建立健全养老、医疗、教育等保险金制度，逐步提高最低生活保障标准，最终建立起城乡一体化的社会保障体系；另一方面，推进落实户籍制度改革，建立科学的人口管理系统，以准入条件代替指标控制，探索建立城乡统一的户口登记管理制度。

二、建立合理的农村社会保障资金筹措机制。一方面，各级部门可以通过加大财政资金的转移支付力度，适当向农村倾斜，逐步提高农村家庭社会保障基金的补助比例，有条件的地方可以建立农村养老保险标准的调整储备金，根据收入水平、物价变动等情况，适时调整农村养老金的支付标准；另一方面，集体也承担一部分社会保障资金，可以考虑以发行社会保障彩票、开征社会保障税等方式实行。

三、加强农村社会保障制度的立法监督。应尽快建立农村社会保障立法体系，为农村社会保障制度创造良好的制度环境。在立法体系之外，还需要建立有效的法律监督体系，加强制度执行的监督和管理。

第三节　未来研究展望

本书主要分析了在互联网使用对家庭消费升级的影响过程中金融资产配置的中介影响机理，并利用微观家庭数据对金融资产配置发挥作用的具体传导路径和影响机制进行了检验。然而，互联网使用影响家庭消费升级的资产配置路径是一个复杂的系统性问题，还有很多相关问题值得研究。

第一,深化家庭异质性分析。本书的异质性分析主要针对城乡家庭的不同影响特征进行了检验,实际上,微观家庭的个体差异极其复杂,除了城乡差异外,区域差异、风险偏好差异等都是家庭异质性的重要表现。随着5G等新兴互联网技术的应用和普及,互联网使用的深度进一步加强,这种微观异质性的影响特征是否会引致宏观层面的经济结构调整,这些问题需要在未来的研究中进一步探索。

第二,延长时间跨度。本书的实证面板模型只有三期的短面板数据,在一定程度上影响了实证分析的检验效果。未来随着数据调查期限的增多,可以进一步延长研究对象的时间跨度,实证分析的样本有效性也会逐步提升,在实证方法上也可采用不同的论证方法进行多元化的检验分析。

第三,细化研究指标。本书为了简化分析,以流动性为资产类型的区分标准,并未区分家庭资产的风险收益特征,但家庭金融资产中包含的无风险资产和风险资产差异性较大,互联网使用对这些资产在实际配置中的影响可能存在差异化的表现特征。此外,家庭特征变量的复杂性如金融素养、风险偏好等也是需要考虑的重要因素,下一步的研究要考虑在加入特定影响要素的基础上,从不同资产性质的角度分析金融资产的配置效应,进一步完善整体研究框架。

第四,拓展研究边界。虽然本书从金融资产配置的中介影响出发,解析了互联网使用对家庭消费升级的传导路径和影响效应,但在互联网使用影响家庭消费升级的过程中也有可能存在其他的影响路径,本书的研究结果也证明了金融资产配置在互联网使用影响家庭消费升级的过程中存在部分的中介效应,关于互联网使用对家庭消费升级的影响路径的更为全面的解析还有待进一步探讨,这也是未来研究可以关注的一个方向。

参考文献

[1] 因内思·马可－斯达德勒,大卫·佩雷斯－卡斯特里罗. 信息经济学引论:激励与合约[M]. 管毅平,译.上海:上海财经大学出版社,2004:25－76.

[2] 克里斯·琼斯. 金融经济学[M]. 王中华,译.北京:清华大学出版社,2011:13－343.

[3] 约瑟夫·斯蒂格利茨. 经济学(上)[M]. 梁小民,黄险峰,译.北京:中国人民大学出版社,1997:330－362.

[4] 陈永伟,史宇鹏,权五燮. 住房财富、金融市场参与和家庭资产组合选择——来自中国城市的证据[J]. 金融研究,2015(4):1－18.

[5] 陈斌开,李涛. 利率市场化与中国城镇居民消费[J]. 经济科学,2019(4):31－43.

[6] 陈彦斌,刘哲希. 推动资产价格上涨能够"稳增长"吗?——基于含有市场预期内生变化的DSGE模型[J]. 经济研究,2017,52(7):49－64.

[7] 陈荣达,林博,何诚颖,等. 互联网金融特征、投资者情绪与互联网理财产品回报[J]. 经济研究,2019,54(7):78－93.

[8] 陈彦斌,周业安. 行为资产定价理论综述[J]. 经济研究,2004(6):117－127.

[9] 丁黎黎,韦伟,于文成. 互联网依赖对家庭超常规杠杆的作用解释——双重风险的交互调节效应[J]. 山西财经大学学报,2019,41(8):17－28.

[10] 丁慧,吕长江,黄海杰. 社交媒体、投资者信息获取和解读能力与盈余预期——来自"上证e互动"平台的证据[J]. 经济研究,2018,53(1):153－168.

[11] 方杰,温忠麟,梁东梅等. 基于多元回归的调节效应分析[J]. 心理科学,

2015,38(3):715-720.

[12] 方福前,邢炜. 居民消费与电商市场规模的U型关系研究[J]. 财贸经济,2015(11):131-147.

[13] 范兆媛,王子敏. 人口年龄结构与居民家庭消费升级——基于中介效应的检验[J]. 湘潭大学学报(哲学社会科学版),2020,44(2):62-68.

[14] 甘犁,赵乃宝,孙永智. 收入不平等、流动性约束与中国家庭储蓄率[J]. 经济研究,2018,53(12):34-50.

[15] 高楠,梁平汉,何青. 过度自信、风险偏好和资产配置——来自中国城镇家庭的经验证据[J]. 经济学(季刊),2019,18(3):1081-1100.

[16] 杭斌,闫娜娜. 家庭资产、住房信贷与消费者行为——基于微观数据的实证分析[J]. 统计与信息论坛,2020,35(4):105-112.

[17] 杭斌,闫新华. 经济快速增长时期的居民消费行为——基于习惯形成的实证分析[J]. 经济学(季刊),2013,12(7):1191-1208.

[18] 何大安. 互联网应用扩张与微观经济学基础——基于未来“数据与数据对话”的理论解说[J]. 经济研究,2018,53(8):177-192.

[19] 何兴强,杨锐锋. 房价收入比与家庭消费——基于房产财富效应的视角[J]. 经济研究,2019,54(12):102-117.

[20] 何小钢,梁权熙,王善骝. 信息技术、劳动力结构与企业生产率——破解“信息技术生产率悖论”之谜[J]. 管理世界,2019,35(9):65-80.

[21] 华昱. 互联网使用的收入增长效应:理论机理与实证检验[J]. 江海学刊,2018(3):219-224.

[22] 胡奕明,王雪婷,张瑾. 金融资产配置动机:“蓄水池”或“替代”?——来自中国上市公司的证据[J]. 经济研究,2017,52(1):181-194.

[23] 胡振,臧日宏. 收入风险、金融教育与家庭金融市场参与[J]. 统计研究,2016,33(12):67-73.

[24] 贾男. 老龄化背景下退休对城镇家庭金融资产选择的影响——基于模糊断点回归设计[J]. 统计研究,2020,37(4):46-58.

[25] 林晓珊. 中国家庭消费分层的结构形态——基于CFPS2016的潜在类别模型分析[J]. 山东社会科学,2020(3):48-58.

[26] 雷晓燕,周月刚. 中国家庭的资产组合选择:健康状况与风险偏好[J]. 金

融研究,2010(1):31 -45.

[27] 李丽霞,李宁,张旭锐. 互联网使用对农户多维贫困的减贫效应研究[J]. 科学决策,2019(11):66 -82.

[28] 李建军,李俊成. 普惠金融与创业:“授人以鱼”还是“授人以渔”? [J]. 金融研究,2020(1):69 -87.

[29] 李江一,李涵. 城乡收入差距与居民消费结构:基于相对收入理论的视角[J]. 数量经济技术经济研究,2016(8):97 -112.

[30] 李学峰,徐辉. 中国股票市场财富效应微弱研究[J]. 南开经济研究,2003(3):67 -71.

[31] 刘晓倩,韩青. 农村居民互联网使用对收入的影响及其机理——基于中国家庭追踪调查(CFPS)数据[J]. 农业技术经济,2018(9):123 -134.

[32] 刘逢雨,赵宇亮,何富美. 经济政策不确定性与家庭资产配置[J]. 金融经济学研究,2019,34(4):98 -109.

[33] 刘玉荣,查婷俊,刘颜,等. 金融市场波动、经济不确定性与城镇居民消费——基于 SV 模型的实证研究[J]. 经济学(季刊),2019,18(2):551 -572.

[34] 路晓蒙,尹志超,张渝. 住房、负债与家庭股市参与——基于 CHFS 的实证研究[J]. 南方经济,2019(4):41 -61.

[35] 冷凤彩,曹锦清. 互联网使用具有幸福效应吗——来自“中国家庭追踪调查”的分析[J]. 广东财经大学学报,2018(3):4 -12.

[36] 骆祚炎,杨谦. 居民资产财富效应非对称性的 TVAR 检验及其抑制对策——基于 1995Q1 ~ 2012Q2 的季度数据分析[J]. 金融经济学研究,2013,28(5):86 -96.

[37] 孟庆斌,黄清华,赵大旋,等. 互联网沟通与股价崩盘风险[J]. 经济理论与经济管理,2019(11):50 -67.

[38] 孟亦佳. 认知能力与家庭资产选择[J]. 经济研究,2014(增 1):132 -142.

[39] 毛宇飞,曾湘泉,祝慧琳. 互联网使用、就业决策与就业质量——基于 CGSS 数据的经验证据[J]. 经济理论与经济管理,2019(1):72 -85.

[40] 南永清,周勤,黄玲. 社会网络、非正规金融与农户消费行为——基于中国

家庭追踪调查数据的经验证据[J]. 农村经济,2018(6):80 - 86.
[41] 欧阳峣,傅元海,王松. 居民消费的规模效应及其演变机制[J]. 经济研究,2016(2):56 - 68.
[42] 裴长洪,倪江飞,李越. 数字经济的政治经济学分析[J]. 财贸经济,2018(9):5 - 22.
[43] 潘敏,刘知琪. 居民家庭"加杠杆"能促进消费吗? ——来自中国家庭微观调查的经验证据[J]. 金融研究,2018(4):71 - 87.
[44] 齐明珠,张成功. 老龄化背景下年龄对家庭金融资产配置效率的影响[J]. 人口与经济,2019(1):54 - 66.
[45] 孙秀林,陈华珊. 互联网与社会学定量研究[J]. 中国社会科学,2016(7):119 - 125.
[46] 苏岚岚,孔荣. 互联网金融市场参与促进农民网络购物决策了吗? ——基于3 省1947 户农户调查数据的实证分析[J]. 南京农业大学学报(社会科学版),2020,20(3):158 - 168.
[47] 邵文波,盛丹. 信息化与中国企业就业吸纳下降之谜[J]. 经济研究,2017(6):120 - 136.
[48] 史晋川,王维维. 互联网使用对创业行为的影响——基于微观数据的实证研究[J]. 浙江大学学报(人文社会科学版),2017,47(4):159 - 175.
[49] 宋明月,臧旭恒. 我国居民预防性储蓄重要性的测度——来自微观数据的证据[J]. 经济学家,2016(1):89 - 97.
[50] 吴卫星,吴锟,王琎. 金融素养与家庭负债——基于中国居民家庭微观调查数据的分析[J]. 经济研究,2018(1):97 - 109.
[51] 王伟同,周佳音. 互联网与社会信任:微观证据与影响机制[J]. 财贸经济,2019(10):111 - 125.
[52] 王小华,温涛,朱炯. 习惯形成、收入结构失衡与农村居民消费行为演化研究[J]. 经济学动态,2016(10):39 - 49.
[53] 王频,侯成琪. 预期冲击、房价波动与经济波动[J]. 经济研究,2017(4):48 - 63.
[54] 王文涛,谢家智. 预期社会化、资产选择行为与家庭财产性收入[J]. 财经研究,2017,43(3):30 - 42.

[55] 王聪,姚磊,柴时军. 年龄结构对家庭资产配置的影响及其区域差异[J]. 国际金融研究,2017(2):76-86.

[56] 王琎,吴卫星. 婚姻对家庭风险资产选择的影响[J]. 南开经济研究,2014(3):100-112.

[57] 王伟同,周佳音. 互联网与社会信任:微观证据与影响机制[J]. 财贸经济,2019,40(10):111-125.

[58] 王勇,周涵. 人口老龄化对城镇家庭消费水平影响研究[J]. 上海经济研究,2019(5):84-91.

[59] 王聪聪,党超,徐峰,等. 互联网金融背景下的金融创新和财富管理研究[J]. 管理世界,2018(12):168-170.

[60] 许志伟,刘建丰. 收入不确定性、资产配置与货币政策选择[J]. 经济研究,2019(5):30-46.

[61] 谢家智,吴静茹. 数字金融、信贷约束与家庭消费[J]. 中南大学学报(社会科学版),2020,26(2):9-20.

[62] 解垩. 资产和金融资产对家庭消费的影响:中国的微观证据[J]. 财贸研究,2012(4):73-82.

[63] 肖作平,张欣哲. 制度和人力资本对家庭金融市场参与的影响研究——来自中国民营企业家的调查数据[J]. 经济研究,2012(增1):91-104.

[64] 余传鹏,林春培,张振刚,等. 专业化知识搜寻、管理创新与企业绩效:认知评价的调节作用[J]. 管理世界,2020(1):146-166,Ⅻ.

[65] 余静文,姚翔晨. 人口年龄结构与金融结构——宏观事实与微观机制[J]. 金融研究,2019(4):20-38.

[66] 亚琨,罗福凯,李启佳. 经济政策不确定性、金融资产配置与创新投资[J]. 财贸经济,2018,39(12):95-110.

[67] 颜色,朱国钟. "房奴效应"还是"财富效应"?——房价上涨对国民消费影响的一个理论分析[J]. 管理世界,2013(3):34-47.

[68] 易祯,朱超. 人口结构与金融市场风险结构:风险厌恶的生命周期时变特征[J]. 经济研究,2017(9):150-164.

[69] 喻平,王灿. 金融资产配置如何影响中国城乡家庭消费——基于CHFS2013 和 CHFS2015 数据[J]. 河北经贸大学学报,2019,40

(6):18-27.

[70] 杨胜刚,阳旸. 资产短缺与实体经济发展——基于中国区域视角[J]. 中国社会科学,2018(7):59-80,205-206.

[71] 杨咸月. 信息不对称与机制设计理论——2007 年诺贝尔经济学奖获得者的贡献[J]. 经济理论与经济管理,2008(2):35-39.

[72] 杨汝岱,陈斌开,朱诗娥. 基于社会网络视角的农户民间借贷需求行为研究[J]. 经济研究,2011(11):116-129.

[73] 杨赞,张欢,赵丽清. 中国住房的双重属性:消费和投资的视角[J]. 经济研究,2014(增1):55-65.

[74] 杨碧云,吴熙,易行健. 互联网使用与家庭商业保险购买——来自 CFPS 数据的证据[J]. 保险研究,2019(12):30-47.

[75] 袁微,黄蓉. 性别比例失衡对消费的影响——基于婚姻匹配竞争和家庭代际关系视角的分析[J]. 山西财经大学学报,2018,40(2):15-27.

[76] 殷俊,刘一伟. 互联网使用对农户贫困的影响及其机制分析[J]. 中南财经政法大学学报,2018(2):146-156.

[77] 尹志超,彭嫦燕,里昂安吉拉. 中国家庭普惠金融的发展及影响[J]. 管理世界,2019(2):74-87.

[78] 尹志超,仇化. 金融知识对互联网金融参与重要吗[J]. 财贸经济,2019,40(6):70-84.

[79] 尹志超,宋全云,吴雨. 金融知识、投资经验与家庭资产选择[J]. 经济研究,2014(4):62-75.

[80] 臧旭恒,陈浩. 习惯形成、收入阶层异质性与我国城镇居民消费行为研究[J]. 经济理论与经济管理,2019(5):20-32.

[81] 邹红,黄慧丽. 居民家庭资产与消费的变动关系:基于 1999—2009 年城镇季度数据的实证检验[J]. 中央财经大学学报,2010(10):81-86.

[82] 赵保国,盖念. 互联网消费金融对国内居民消费结构的影响——基于 VAR 模型的实证研究[J]. 中央财经大学学报,2020(3):33-43.

[83] 赵羚雅. 乡村振兴背景下互联网使用对农民创业的影响及机制研究[J]. 南方经济,2019(8):85-99.

[84] 战明华,张成瑞,沈娟. 互联网金融发展与货币政策的银行信贷渠道传导

[J]. 经济研究,2018(4):63-76.

[85] 张景娜,张雪凯. 互联网使用对农地转出决策的影响及机制研究——来自CFPS的微观证据[J]. 中国农村经济,2020(3):57-77.

[86] 张剑,梁玲. 家庭异质性对金融资产配置的影响实证研究[J]. 重庆大学学报(社会科学版),2020(3):23-35.

[87] 张红伟,向玉冰. 网购对居民总消费的影响研究——基于总消费水平的数据分析[J]. 上海经济研究,2016(11):36-45.

[88] 张勋,万广华,张佳佳,等. 数字经济、普惠金融与包容性增长[J]. 经济研究,2019(8):71-86.

[89] 张大永,曹红. 家庭财富与消费:基于微观调查数据的分析[J]. 经济研究,2012(增1):53-65.

[90] 张传勇. 基于"模型—实证—模拟"框架的家庭金融研究综述[J]. 金融评论,2014(2):102-109.

[91] 张晓玫,梁洪,卢露. 网络借贷中信息不对称缓解机制研究——基于信号传递和双边声誉视角[J]. 经济理论与经济管理,2018(2):64-80.

[92] 张晓玫,董文奎,韩科飞. 普惠金融对家庭金融资产选择的影响及机制分析[J]. 当代财经,2020(1):65-76.

[93] 张永林. 互联网、信息元与屏幕化市场——现代网络经济理论模型和应用[J]. 经济研究,2016(9):147-161.

[94] 周颖刚,蒙莉娜,卢琪. 高房价挤出了谁?——基于中国流动人口的微观视角[J]. 经济研究,2019(9):106-122.

[95] 周龙飞,张军. 中国城镇家庭消费不平等的演变趋势及地区差异[J]. 财贸经济,2019(5):143-160.

[96] 周广肃,孙浦阳. 互联网使用是否提高了居民的幸福感——基于家庭微观数据的验证[J]. 南开经济研究,2017(3):18-33.

[97] 周广肃,樊纲. 互联网使用与家庭创业选择——来自CFPS数据的验证[J]. 经济评论,2018(5):134-147.

[98] 车越云. 互联网使用对我国居民投融资的影响研究[D]. 北京:北京外国语大学,2019.

[99] 林惠敏. 金融排斥、社会互动和家庭资产配置[D]. 南京:南京大学,2019.

[100] 魏俊杰. 互联网信息渠道与家庭金融资产选择[D]. 广州:暨南大学,2018.

[101] 王晶. 网络使用、社会互动与家庭金融资产选择[D]. 济南:山东大学,2019.

[102] 杨婷. 中国城镇居民的金融资产与住房资产的财富效应研究[D]. 南京:东南大学,2018.

[103] BUSSY N, PITT L, LOW S. The Internet, Role Overload and Convenience Consumption: Evidence from Australia[M]// New Meanings for Marketing in a New Millennium. Cham:Springer, 2015:251 -256.

[104] STOREY J. Theories of Consumption[M]. London: Routledge, 2017.

[105] ALOISIO C, VIVIANE S B, MARCO M. Consumers Confidence and Households Consumption in Brazil: Evidence from the FGV Survey[J]. Journal of Business Cycle Research, 2020, 16(01): 19 -34.

[106] AKERMAN A, GAARDER I, MOGSTAD M. The Skill Complementarity of Broadband Internet[J]. The Quarterly Joumal of Economics, 2015, 130 (04): 1781 -1824.

[107] ANTHONY S, YUAN S J, MARTINSON A T, et al. The Impact of Internet Use on Income: The Case of Rural Ghana[J]. Sustainability, 2020, 12 (08):13 -29.

[108] ALLISTER M. Internet Use, Political Knowledge and Youth Electoral Participation in Australia [J]. Journal of Youth Studies, 2016, 19 (09): 1220 -1236.

[109] BAEK J W. The Effects of the Internet and Mobile Services on Urban Household Expenditures: The Case of South Korea[J]. Telecommunications Policy, 2016, 40(01): 22 -38.

[110] BARON R M, KENNY D A. The Moderator Mediator Variable Distinction in Social Psychological Research: Conceptual, Strategic, and Statistical Considerations[J]. Journal of Personality Social Psychology, 1986, 51 (06): 1173 -1182.

[111] BONIS R, SILVESTRINI A. The Effects of Financial and Real Wealth on

Consumption: New Evidence from OECD Countries[J]. Applied Financial Economics, 2012, 22(05): 409-425.

[112] BAUERNSCHUSTER S, FALCK O, WOESSMANN L. Surfing alone? The internet and social capital: Evidence from an unforeseeable technological mistake[J]. Journal of Public Economics, 2014, 117: 73-89.

[113] BODIE Z, MERTON R C, SAMUELSON W F. Labor Supply Flexibility and Portfolio Choice in a Life-Cycle Model[J]. Journal of Economic Dynamics and Control, 1992, 16(3-4): 427-449.

[114] BAYE M R, MORGAN J, SCHOLTEN P A. Price Dispersion in the Small and in the Large: Evidence from an Internet Price Comparison Site[J]. Journal of industrial Economics, 2004, 52(04): 463-496.

[115] BAUER J. The Internet and Icome Inequality: Socio-economic Challenges in a Hyperconnected Society[J]. Telecommunications Policy, 2018, 42(04): 333-343.

[116] BERTSCHEK I, NIEBEL T. Mobile and More Productive? Firm-level Evidence on the Productivity Effects of Mobile Internet Use[J]. Telecommunications Policy, 2016, 40(09): 867-896.

[117] BIGGAR D R, HESAMZADEH M R. The Economics of Electricity Markets——Efficient Investment in Generation and Consumption Assets[J]. 2014(10): 179-180.

[118] BLOOM N, SCHANKERMAN M, REENEN J V. Identifying Technology Spillovers and Product Market Rivalry[J]. Econometrica, 2013, 81(04): 1347-1393.

[119] BULY A C, WILKINS R. The Determinants of Household Risky Asset Holdings: Australian Evidence on Background Risk and other Factors[J]. Journal of Banking and Finance, 2009, 132(05): 139-153.

[120] CHIANG T F, XIAO J J. Household Characteristics and the Change of Financial Risk Tolerance during the Financial Crisis in the United States[J]. International Journal of Consumer Studies, 2017, 41(05): 484-493.

[121] CARROLL C D, OTSUKA M, SLACALEK J. How Large Are Housing and

Financial Wealth Effects? A New Approach[J]. Journal of Money Credit and Banking, 2011, 43(01): 55 - 79.

[122] CARROLL C D, SLACALEK J, TOKUOKA K. The Distribution of Wealth and the MPC: Implications of New European Data[J]. American Economic Review, 2014,104(05): 107 - 111.

[123] CHRISTELIS D, GEORGARAKOS D, HALIASSOS M. Differences in Portfolios across Countries: Economic Environment versus Household Characteristics[J]. The Review of Economics and Statistics, 2013, 95 (01): 220 - 236.

[124] CARDAK B A, WILKINS R. The Determinants of Household Risky Asset Holdings: Australian Evidence on Background Risk and Other Factors[J]. Journal of Banking & Finance, 2009, 33(05): 850 - 861.

[125] CAMPBELL J Y. Household Finance[J]. The Journal of Finance, 2006, 61 (04): 1553 - 1604.

[126] CHAMON M, PRASAD E. Why Are Saving Rates of Urban Households in China Rising? [J]. American Economic Journal, 2010(02): 93 - 130.

[127] CHOI C, RHEE D E, OH Y. Information and Capital Flows Revisited: The Internet as a Determinant of Transactions in Financial Assets[J]. Economic Modelling, 2014, (40):191 - 198.

[128] CHOI J H. Optimal Investment and Consumption with Liquid and Illiquid Assets[J]. Social Science Electronic Publishing, 2018,33(07): 34 - 65.

[129] CHU S Y. Internet, Economic Growth and Recession[J]. Modern Economy, 2013, 04(03): 209 - 213.

[130] ZHANG C, XU Q, ZHOU X, et al. Are Poverty rates Underestimated in China? New Evidence from four Recent Surveys[J]. China Economic Review, 2014,31:410 - 425.

[131] GILLI GAN D O, HODDINOTT J. Is There Persistence in the Impact of Emergency Food Aid? Evidence on Consumption, Food Security, and Assets in Rural Ethiopia[J]. American Journal of Agricultural Economics, 2007, 89(02): 225 - 242.

[132] DICKSON P R. Understanding the Trade Winds: The Global Evolution of Production, Consumption, and the Internet[J]. Journal of Consumer Research, 2000,27(1): 115 – 122.

[133] DVORNAK N, KOHLER M. Housing Wealth, Stock Market Wealth and Consumption: A Panel Analysis for Australia[J]. Economic Record, 2007, 83(261): 117 – 130.

[134] DIMMOCK S G, KOUWENBERG R, MITCHELL O S. Ambiguity Aversion and Household Portfolio Choice: Empirical Evidence[J]. Journal of Financial Economics, 2016, 17(3):559 – 577.

[135] ELBAHNASAWY N G. E – Government, Internet Adoption, and Corruption: An Empirical Investigation[J]. World Development, 2014, 57(C): 114 – 126.

[136] ELLISON G, FUDENBERG D. Word-of-Mouth Communication and Social Learning[J]. The Quarterly Journal of Economics, 1995, 110(1): 93 – 125.

[137] ELLIOT A J, MOONEY C J, DOUTHIT K Z, et al. Predictors of Older Adults' Technology Use and Its Relationship to Depressive Symptoms and Well – being[J]. Journals of Gerontology Series B: Psychological Sciences and Social Sciences, 2014,69(5): 667 – 677.

[138] ENGELBERG E, Sjoeberg L. Internet Use, Social Skills, and Adjustment [J]. CyberPsychology & Behavior, 2004, 7(1): 41 – 47.

[139] FRYKHOLM A S, Gunnarsdottir F. Distribution of Digital Content over Internet for Mobile End – Consumption[J]. 2015,12(8):19 – 33.

[140] GAJEWSKI J F, LI L. Can Internet-Based Disclosure Reduce Information Asymmetry?[J]. Advances in Accounting, 2015, 31(1): 115 – 124.

[141] GROSS E F, JUVONEN J, GABLE S L. Internet Use and Well – Being in Adolescence[J]. Journal of Social Issues, 2002, 58(1): 75 – 90.

[142] GAINSBURY S M, ANGUS D J, PROCTER L, et al. Use of Consumer Protection Tools on Internet Gambling Sites: Customer Perceptions, Motivators, and Barriers to Use[J]. Journal of Gambling Studies, 2020, 36(1):259

-276.

[143] GRINBLATT M, KELOHARJU M, LINNAINMAA J. IQ and Stock Market Participation[J]. Journal of Finance,2011, 66(6): 2121-2164.

[144] HERMEKING M. Culture and Internet Consumption: Contributions from Cross-Cultural Marketing and Advertising Research[J]. Journal of Computer-Mediated Communication, 2005, 11(1): 192-216.

[145] HOLLENBECK B. Online Reputation Mechanisms and the Decreasing Value of Chain Affiliation[J]. Journal of Marketing Research, 2018, 55(5): 636-654.

[146] HWANG H, CHEN J L. The Predictability Implied by Consumption-Based Asset-Pricing Models: A Review of the Theory and Empirical Evidence [J]. Journal of Risk Model Volidacion,2018,12(2):103-128.

[147] IVANOV A E. The Internet's Impact on Integrated Marketing Communication[J]. Procedia Economics and Finance, 2012, 12(3):536-542.

[148] JACOB J, MURUGAN P. Examining the Inter-relationships of UTAUT Constructs in Mobile Internet Use in India and Germany [J]. Journal of Electronic Commerce in Organizations, 2020, 18(2): 36-48.

[149] KENSKI K, STROUD N J. Connections Between Internet Use and Political Efficacy, Knowledge, and Participation[J]. Journal of Broadcasting & Electronic Media, 2006, 50(2): 173-192.

[150] KROENCE T A. Internet Appendix: Asset Pricing without Garbage[J]. Social Science Electronic Publishing, 2017,72(1):47-98.

[151] KAPLAN G, VIOLANTE G, WEIDNER J. The Wealthy Hand-to-mouth [J]. Brookings Papers On Economic Activity, 2014(9): 77-153.

[152] KUBEY R W, LAVIN M J, BARROWS J R. Internet Use and Collegiate Academic Performance Decrements: Early Findings[J]. Journal of Communication, 2001, 51(2): 366-382.

[153] KUHN P, MANSOUR H. Is Internet Job Search Still Ineffective? [J]. The Economic Journal, 2014, 124(581):1213-1233.

[154] LIANG P H, GUO S Q. Social Interaction, Internet Access and Stock Market

Participation—An Empirical Study in China[J]. Journal of Comparative Economics, 2015,43(4): 883-901.

[155] WANG I P. Chinese Consumption and Asset Returns: An Analysis across Income Groups[J]. Frontiers of Economics in China, 2007, 2(2):275-288

[156] MODIGLIANI F, CAO S L. The Chinese Saving Puzzle and the Life-Cycle Hypothesis[J]. Journal of Economic Literature, 2004, 42(1): 145-170.

[157] MERTON R C. Lifetime Portfolio Selection under Uncertainty: The Continuous - Time Case[J]. The Review of Economics and Statistics, 1969, 51(3): 247-257.

[158] KAUSTIA M, TORSTILA S. Stock Market Aversion? Political Preferences and Stock Market Participation[J]. Journal of Financial Economics, 2011, 100(1):98-112.

[159] MERTON R C. A Functional Perspective of Financial Intermediation[J]. Financial Management, 1995, 24(2): 23-41.

[160] MULLER D, JUDD C M, YZERBYT V Y. When Moderation is Mediated and Mediation is Moderated [J]. Journal of Personality and Social Psychology, 2005, 89(6): 852-863.

[161] MEHRA R. Consumption - Based Asset Pricing Models[J]. Annual Review of Financial Economics, 2012, 4(1): 385-409.

[162] NAKAYAMA Y. The Impact of E - Commerce: It Always Benefits Consumers, But may Reduce Social Welfare[J]. Japan and the World Economy, 2009, 21(3): 239-247.

[163] KROFT K, POPE D G. Does Online Search Crowd Out Traditional Search and Improve Matching Efficiency? Evidence from Craigslist[J]. Journal of Labor Economics, 2014, 32(2): 259-303.

[164] PERESS J. Information vs. Entry Costs: What Explains U. S. Stock Market Evolution? [J]. Journal of Financial and Quantitative Analysis, 2005, 40(3): 563-594.

[165] ROSEN H S, WU S. Portfolio Choice and Health Status[J]. Journal of Financial Economics,2004, 72(3): 457-484.

[166] SOUSA R M. Financial Wealth, Housing Wealth, and Consumption[J]. International Research Journal of Finance and Economics, 2008,(19): 167 - 191.

[167] SOUSA R M. Consumption, (dis) Aggregate Wealth, and Asset Returns [J]. Journal of Empirical Finance, 2010, 17(4): 606 - 622.

[168] SALOP S, STIGLITZ J E. The Theory of Sales: A Simple Model of Equilibrium Price Dispersion with Identical Agents[J]. The American Economic Review, 1982, 72(5): 1121 - 1130.

[169] SALOP S, STIGLITZ J. Bargains and Ripoffs: A Model of Monopolistically Competitive Price Dispersion[J]. Review of Economic Studies, 1977, 44 (3): 493 - 510.

[170] SHEFRIN H M, THALER R H. The Behavioral Life - Cycle Hypothesis [J]. Economic Inquiry, 1988, 26(4): 609 - 643.

[171] SIMS C A. Implications of Rational Inattention[J]. Journal of Monetary Economics, 2003(50): 665 - 690.

[172] TAMBUNAN T T H. Evidence on the Use of Internet for Businesses by MSEs in a Developing Country. The Indonesian Case [J]. Anais da Academia Brasileira de Ciencias, 2020, 92(1).

[173] THALER R. Some Empirical Evidence on Dynamic Inconsistency[J]. Economics Letters, 1981, 8(3): 201 - 207.

[174] VON GAUDECKER H. How does Household Portfolio Diversification Vary with Financial Sophistication and Advice? [J]. The Journal of Firance, 2015, 70(2):489 - 507.

[175] WEBER S. Facilitating Adoption of Internet Technologies and Services with Externalities via Cost Subsidization[J]. ACM Transactions on Internet Technology, 2017, 17(4).

[176] WEI S J, Zhang X B. The Competitive Saving Motive: Evidence from Rising Sex Ratios and Savings Rates in China[J]. Journal of Political Economy, 2011, 119(2): 511 - 564.

[177] WULIU Z, XINDONG Z. Difference Study of the Impact of Financial and

Real Assets on Urban Residents Consumption[J]. Economic Review, 2012, 29(3): 234-256.

[178] REN T, XIE T. Consumption, Aggregate Wealth and Expected Stock Returns: A Fractional Cointegration Approach [J]. Quantitative Finance, 2018, 18(12):1-12.

[179] YOONG J. Financial Illiteracy and Stock Market Participation: Evidence from the RAND American Life Panel [J]. SSRN Electronic Journal, 2010.

[180] ZHANG X Q. Income Disparity and Digital Divide: The Internet Consumption Model and Cross-Country Empirical Research[J]. Telecommunications Policy, 2013, 37(6-7):515-529.